Roland Büchi

2,4-GHz-Fernsteuerungen

Grundlagen und Praxis

vth -Fachbuch
Best.-Nr.: 310 2275

Redaktion: Dr. Paul Dauner / Oliver Bothmann
Layout: Tom Armbruster
Fotos: Heinz Büchi

Bibliografische Information der Deutschen Nationalbibliothek
Die Deutsche Nationalbibliothek verzeichnet diese Publikation in der Deutschen Nationalbibliografie; detaillierte bibliografische Daten sind im Internet über http://dnb.d-nb.de abrufbar.

ISBN 978-3-88180-488-2

Printed in Germany
Druck: ColorDruck Solutions, 69181 Leimen

2,4-GHz-Fernsteuerungen

Grundlagen und Praxis

Roland Büchi

vth Verlag für Technik und Handwerk neue Medien GmbH
Baden-Baden

Inhaltsverzeichnis

Vorwort

In den ersten Jahren des neuen Jahrtausends hat bei der Fernsteuertechnologie mit 2,4 GHz eine Revolution stattgefunden. Nachdem die Frequenzen im zweistelligen MHz-Bereich über viele Jahre Stand der Technik waren, hat ein großer Teil der modernen Kommunikationstechnik und mit ihr die Fernsteuerungen das Band zwischen 2,4 GHz und 2,48 GHz erobert. Diese Entwicklung war nicht zuletzt wegen schnellerer Transistoren und der heutigen Mikroprozessortechnologie möglich. Der größte Vorteil für den Benutzer ist, dass er sich nicht mehr mit anderen absprechen muss, wenn er seine Fernsteuerung einschalten will. Alle Fernsteuerungen senden auf demselben Frequenzband, und deren Empfänger wissen durch eine ausgeklügelte Technik, welche Signale für sie bestimmt sind und welche nicht.

Der Modellbau wird seit über fünfzig Jahren von Fernsteuerungen geprägt. Ohne sie hätte dieses faszinierende Hobby wohl kaum Generationen von Menschen begeistern können, so wie das heute der Fall ist. Es ist kaum vorstellbar, wie sich der Modellbau ohne diese Technologie hätte entwickeln können. Selbstverständlich wären einige Sparten nicht so stark davon betroffen gewesen, wir denken dabei an Modelleisenbahnen, Slot-Cars oder Modell-Funktionsmaschinen. Jedoch vor allem der Flug- Heli-, Auto- und Schiffsmodellbau hätte wohl nicht das bekannte Ausmaß an Popularität erreicht. Und an die Leser dieser letztgenannten Modellbausparten richtet sich dieses Buch in erster Linie.

Selbstverständlich gab es viele verschiedene Entwicklungen, vor allem mit Fernsteuerungen auf den Frequenzbändern 27 MHz, 35 MHz und 40 MHz, welche auf die jetzt eingesetzte Technik führten. Da jedoch heute fast ausschließlich Fernsteuerungen in der 2,4-GHz-Technologie verkauft werden, wird diese im vorliegenden Buch explizit behandelt. Den Komponenten einer modernen Fernsteuerung, wie Sender, Empfänger, Servo und der weiteren Peripherie ist ein eigenes Kapitel gewidmet. Es wird aufgezeigt, wie die einzelnen Geräte zu einem funktionierenden Gesamtsystem kombiniert werden können.

Danach werden einige Grundlagen zur drahtlosen Übertragung von Steuerbefehlen allgemein erörtert. Dies führt dann sofort auf die Eigenschaften der Reichweite. Sie ist alleine noch nicht aussagekräftig genug, da verschiedene Faktoren wie beispielsweise Hindernisse, Reflexionen oder die Bewegung des Modells selbst den sicheren Empfang bei den 2,4-GHz-Fernsteuerungen beeinträchtigen können. Es sind verschiedene Antennenarten mit unterschiedlichen Eigenschaften im Einsatz. Deren optimale Ausrichtung, sowohl beim Empfänger als auch beim Sender wird anhand von vielen Beispielen ebenfalls ausführlich behandelt. Viele 2,4-GHz-Fernsteuerungen werden heute mit

Diversity, also mit mehreren Antennen betrieben. Hierzu wird speziell besprochen, wie die Antennenausrichtung in dieser Betriebsart optimiert werden kann. Selbstverständlich werden immer auch einige Vergleiche zu der Übertragung im MHz-Bereich herangezogen.

Den Modulations- und Übertragungsarten ist ein eigenes Kapitel gewidmet. Bei vielen Datenangaben von modernen Fernsteuerungen kommen Begriffe wie PPM, PCM, ASK, FSK, PSK, FHSS, FASST, DMSS oder DSSS vor. Das Buch soll dazu beitragen, dass jeder Leser diese am Ende richtig einordnen und verstehen kann, sowie deren wichtigsten Eigenschaften kennt.

Die Benutzerschnittstellen der heutigen Fernsteuerungen sind neben Schaltern und Drehknöpfen meistens die beiden Knüppel, welche jeweils in alle vier Richtungen bewegt werden können. Die Knüppelzuordnungen zu den Modellfunktionen sind bei den verschiedenen Modellen klar definiert. Es gibt jedoch mehrere Zuordnungsmodi. Diese werden diskutiert und gleichzeitig soll ein Blick in die Zukunft gewagt werden, mit neuartigen Konzepten der Benutzerschnittstellen, welche künftig die Knüppel möglicherweise zu ersetzen vermögen. Die Übertragung mit der 2,4-GHz-Technologie ist bidirektional möglich. Dies heißt, dass auch der Empfänger im Modell zum ‚Sender' werden und dem Modellpiloten während des Betriebs wichtige Telemetriedaten des Modells übermitteln kann. So wirkt der Sender als ‚Empfänger' und kann gegebenenfalls Akkuspannungen, Temperaturen oder Motorströme auf seinem Display darstellen. Eine Übersicht zeigt die verfügbaren Systeme.

Das 2,4-GHz-Band wird nicht nur für die Fernsteuerungen benutzt, sondern für viele weitere Kommunikationsmittel. Damit sichergestellt ist, dass keine gegenseitigen Störungen auftreten, gelten verschiedene Normen. Diese beinhalten einige Rahmenbedingungen wie beispielsweise die maximale Leistung. Die aktuellen Gesetze und Verordnungen sind teilweise auch länderspezifisch. Dieses Gebiet wird ebenfalls in diesem Buch behandelt. Zum Abschluss gibt es einige praktische Hinweise zum Einbau der Anlage in das Modell, sowie zur Entstörung von Komponenten und Literaturangaben.

Ein besonderer Dank für die Begleitung der Theorie gilt den Professoren Küng und Rupf vom Zentrum für Signalverarbeitung und Nachrichtentechnik der Zürcher Hochschule für Angewandte Wissenschaften, School of Engineering.

Roland Büchi

Über den Autor

Roland Büchi, geboren 1969, ist Professor auf den Gebieten Elektronik und Regelungstechnik an der Zürcher Hochschule für Angewandte Wissenschaften, School of Engineering. Nachdem er 1981 seine ersten Schiffs- und Automodelle mit einer Fernsteuerung ausgerüstet hatte, baut und fliegt er seit 1985 auch Flugmodelle. Seit 2004 befasst er sich eingehend mit der neuen Modellflugsparte der Quadrokopter. Eine sehr große Aufmerksamkeit widmet er außerdem generell dem Modellbau mit Elektroantrieben. Er ist der Autor der 2010 und 2011 erschienenen vth-Fachbücher ‚Faszination Quadrokopter' und ‚Brushless-Motoren und -Regler'.

Den Modellbau erachtet er als ein sehr spannendes und lehrreiches Hobby, bei dem immer die modernsten Komponenten im kleinen Maßstab eingesetzt werden, ehe sie dann ‚im Großen' Einzug halten. Man denke nur an die hochfesten Karbon-Verbundwerkstoffe, an die LiPo-Akkus oder eben die 2,4-GHz-Fernsteuerungen.

Die heute in vielen technischen Bereichen eingesetzte 2,4-GHz-Technologie hat zu Beginn des 21. Jahrhunderts auch in den RC- (steht für Radio Controlled) Modellbau Einzug gehalten. Er befasst sich seit Anbeginn mit dieser interessanten Entwicklung und rüstet seine Modelle mit den 2,4-GHz-Fernsteuerungen aus. Außerdem setzt er die dazu verwendete Technik für Forschungs- und Entwicklungsprojekte ein.

1. Einführung

Die Entwicklung des technischen Modellbaus war bis heute zu jeder Zeit sehr eng mit der Entwicklung der Fernsteuerungen verknüpft. In die ‚richtigen' Autos, Flugzeuge oder Boote kann sich der Fahrer, Pilot oder Kapitän selbst hineinsetzen. Er steuert sie direkt über Knüppel, Steuerräder, Bremsen, Gaspedale, Schubregler usw. Da die Modelle im Gegensatz dazu ja unbemannt sind, müssen sie von außen oder eben aus der Ferne gesteuert werden. Daher rührt auch der Name ‚Fernsteuerung'. Da die Steuerung der Modelle im Betrieb die einzige Möglichkeit der Einflussahme darstellt, kommt ihr die größte Bedeutung zu. Die heutigen Modelle werden in allen Modellbausparten immer größer und es werden immer stärkere Motoren eingebaut. Die größten Modelle kosten teilweise so viel wie ein Mittelklassewagen. Ihr Gewicht und ihre Geschwindigkeit stellen bereits ein beträchtliches Sicherheitsrisiko dar. Nur die Zuverlässigkeit und die Möglichkeiten moderner Fernsteueranlagen erlauben die sicheren Manöver zu Lande, zu Wasser und in der Luft. Sie sind es im Grunde, welche den Trend zu großen Modellen überhaupt erst ermöglichen.

Die heute, zu Beginn des 21. Jahrhunderts, gebräuchlichen Fernsteuerungen basieren allesamt auf der 2,4-GHz-Technologie. Eigentlich ist diese jedoch nur eine konsequente Weiterentwicklung aller vorangegangenen Übertragungsarten. Es ist sogar so, dass der Ursprung sehr vieler Eigenschaften der modernen Fernsteuerungen mehrere Jahrzehnte zurückliegt. Deshalb soll in diesem Kapitel bis zu den Anfängen zurückgeschaut werden. Der Fokus soll in der Aufarbeitung und Berücksichtigung derjenigen Techniken liegen, welche auch heute noch Bestandteil der Fernsteueranlagen sind.

1.1 Die Technologien im Wandel der Zeit

1.1.1 Anfänge der drahtlosen Übertragung

Die erste Stunde der drahtlosen Übertragung liegt etwa im Jahre 1864. Damals sagte James Clerk Maxwell die Existenz von elektromagnetischen Wellen in der Theorie voraus. Im Jahre 1886 konnte der Physiker Heinrich Hertz diese auch messtechnisch nachweisen. Praktisch ausnutzen konnte sie Guglielmo Marconi im Jahre 1901. Er konnte erstmals Morsezeichen drahtlos über den Atlantik senden und auch empfangen. Elektromagnetische Wellen breiten sich im Vakuum und in der Luft mit Lichtgeschwindigkeit aus. Dabei können sie, ohne dass Drähte vorhanden wären, Energie und damit auch Informationen von einer Sende- zu einer Empfangseinheit transportieren. Einige Begriffe der modernen Funktechnik stammen noch aus jener Zeit. Man konnte sich damals nicht vorstellen, dass sich eine elektromagnetische Welle ohne ein Medium ausbreiten könnte, also definierte man den Äther. Dieser war so etwas wie ein unsichtbarer und nicht spürbarer Stoff, welcher alles auf der Erde durchdringen musste, auch die Luft und sogar den luftleeren Raum. Heute zeigt die Physik, dass elektromagnetische Wellen keinen solchen Stoff benötigen. Den Begriff ‚Äther' kennt man jedoch noch immer, indem Fernsteuerungen oder auch Walkie-Talkies in den Äther funken. Ebenso das Wort ‚funken' stammt aus dieser Zeit. Die drahtlose Übertragung funktioniert erst bei hohen Frequenzen so richtig gut. Diese konnte man damals noch nicht einfach erzeugen. Man behalf sich mit einer hohen Spannung zwischen zwei Drähten, was einen Lichtbogen, also einen Funken ergab. Wenn man diese Spannung plötzlich abschaltete, löschte auch der Funke sofort. Dieser Vorgang verursachte elektromagnetische Wellen mit vielen verschieden hohen Frequenzen, welche man nutzte. Heute übernehmen quarzgesteuerte Oszillatoren diese Aufgabe. Mit ihnen kann jede beliebige Frequenz hergestellt werden. ‚Funken' findet sich aber auch im Umgangssprachlichen, und in vielen Internet-Foren findet man den Ausdruck für die Fernsteuerung als ‚die Funke' wieder.

1.1.2 Erste Berührungspunkte zum Modellbau

Wie bei vielen anderen Technologien war der Modellbau eine der ersten Anwendungen. Der als Genie in der Elektrotechnik geltende Nikola Tesla hatte viele Erfindungen auf verschiedenen Gebieten vorzuweisen. Auf der Weltausstellung in New York führte er 1898 ein ferngesteuertes Modellschiff vor. Das war wohl die Geburtsstunde der Fernsteuerungen im Modellbau. Bis Fernsteuerungen jedoch auf breiter Basis Fuß fassen konnten, sollten noch weitere 50 Jahre vergehen.

1.1.3 Trägertastung

Die ersten Modellbaufernsteuerungen für jedermann kamen in den 1950er-Jahren auf den Markt, teilweise als fertige Anlagen, teilweise auch als Bausätze oder Bauanleitungen. Sie basierten auf der Trägertastung, so wie es in Bild 1 dargestellt ist. Man konnte damit nur bestimmen, ob gesteuert (Träger ein) oder nicht gesteuert (Träger aus) wurde. Auf der Empfängerseite, also im Modell, wurde ein Elektromotor als einfache Rudermaschine eingesetzt. Dieser konnte in beide Richtungen drehen und war über eine Schnur mit dem Ruder verbunden. Das Ruder wurde seinerseits mit einer Feder in die andere Richtung gezogen. Die Drehrichtung des Elektromotors wurde mit einer festen

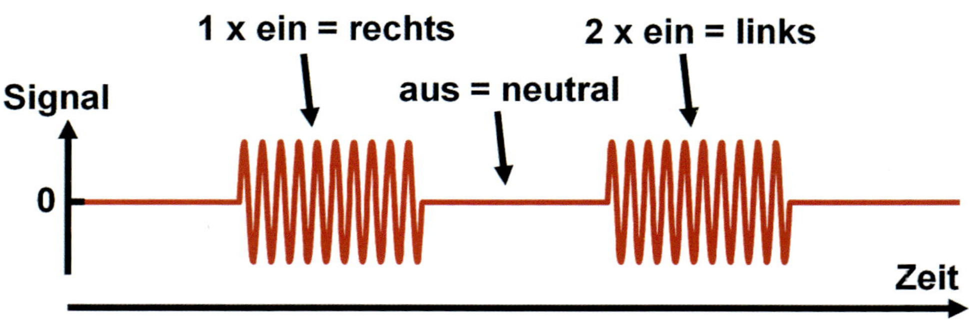

Bild 1: Trägertastung.

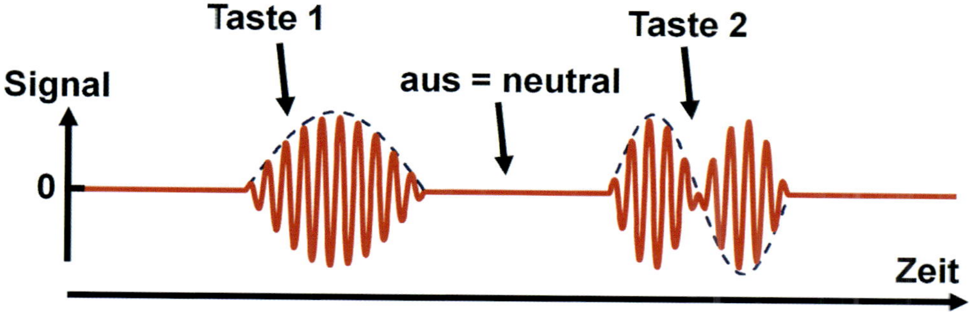

Bild 2: "Tip-Tip"-Tonmodulation.

Abfolge festgelegt. So bedeutete beispielsweise das erste Mal ‚Träger ein' eine Bewegung nach rechts, also Schnur aufwickeln, ‚Träger aus' keine Bewegung und das nächste Mal ‚Träger ein' eine Bewegung nach links, also ‚Schnur abwickeln'. So konnte man das Ruder durch die Länge der einander folgenden Trägertastungen in die gewünschte Richtung lenken. Um weitere Funktionen wie die Ansteuerung des Motors zu realisieren, konnten einige Empfänger auch die Länge des eingeschalteten Trägers bestimmen. Lange Träger wurden als Ruderbefehle interpretiert, während kurze Träger zur Steuerung des Motors dienten.

1.1.4 Flattersteuerung

Mitte der 1950er-Jahre kamen allererste Typen von Proportional-Fernsteuerungen auf den Markt. Damit konnte man jedoch immer noch nur ein einziges Ruder steuern. Die zu der Hebelstellung der Fernsteuerung proportionale Ruderstellung musste mit der damaligen Technik ziemlich mühsam umgesetzt werden. Mit einer aufwändigen Mechanik realisierte man eine rotierende Scheibe, welche auf einem zu der Hebelstellung proportionalen Teil des Umfanges Kontakt machte. Somit konnte man mit diesem einfachen Impulsgeber die Länge des ‚Träger ein' bzw. ‚Träger aus' steuern. Der Elektromotor auf der Modellseite wurde somit mit einem bestimmten Verhältnis in die eine oder die andere Richtung bestromt. In der Kombination mit der Rückhaltefeder ergab das im Mittel eine bestimmte Ruderstellung, welche letztlich proportional zum Hebel an der Fernsteuerung war.

Da sich das Ruder mit der Drehgeschwindigkeit der Scheibe etwas hin und her bewegte, wurde diese Art der Steuerung auch ‚Flattersteuerung' genannt. Dieser zum Fernsteuerhebel proportionale Ruderausschlag ist auch heute noch ein wesentlicher Bestandteil der modernen Fernsteuerungen, auch wenn er mittlerweile viel eleganter realisiert wird.

1.1.5 Tonmodulation

Ein Meilenstein in der Entwicklung bedeuteten Ende der 1950er-Jahre die Fernsteuerungen mit der so genannten Tonmodulation. Bild 2 zeigt vereinfacht den zeitlichen Verlauf des Sendersignales. Neu war jetzt, dass das Trägersignal (damals meistens 27 MHz) mit einem niederfrequenten Steuersignal moduliert wurde. Eine solche Überlagerung von zwei Signalen unterschiedlicher Frequenz wird auch ‚Amplitudenmodulation' genannt.

Dieses Signal lag im Bereich zwischen einigen 100 Hz und einigen kHz. Daher kommt auch der Name ‚Tonmodulation', denn solche Signale liegen im hörbaren Bereich, wenn sie nicht dem hochfrequenten Trägersignal überlagert sind. Es ist aus Bild 2 ersichtlich, dass zwischen dem linken und dem rechten, mit der doppelten Tonfrequenz modulierten Signal, ein Unterschied besteht.

Die gestrichelte Linie deutet das niederfrequente Signal an, mit welchem moduliert bzw. multipliziert wurde. Beim Sender waren das wiederum nichts anderes als unterschiedliche Tasten, welche der Trägerfrequenz jeweils einen bestimmten Ton aufmodulierten. Im Empfänger konnten spezielle Filter den ursprünglichen Ton wiederherstellen, man nennt das in der Fachsprache auch ‚demodulieren'. Damit wurde erstmals eine mehrkanalige Fernsteuerung realisiert. Bis in die 1980er-Jahre sprachen einige Hersteller bei der Rechts- und Linksbewegung eines Servos (siehe Kapitel 2.3) von zwei Kanälen. Dies hat seinen Ursprung in der Tonmodulation, da man für diese beiden Bewegungen eben zwei unterschiedliche Tonfrequenzen entsprechend Bild 2 benötigte. Die 3-Kanal-Anlage war damals der Standard. Mit zwei Kanälen wurde das Ruder in zwei Richtungen gesteuert und mit dem dritten der Motor ein- und ausgeschaltet.

Die Tonmodulation erlaubte jedoch noch immer nur ein ‚Ein' und ‚Aus' des jeweiligen Kanals. Es wurden aber Fernsteuerungen mit bis zu zehn Kanälen gebaut, was die gleichzeitige Bewegung von mehreren Ruder- und Motorfunktionen erlaubte. Die Senderausführungen hatten entweder für jeden Kanal eine Taste, oder es waren schon solche mit einem Steuerhebel in zwei Richtungen.

Die mit Tasten ausgerüsteten Fernsteueranlagen prägten auch den Begriff ‚Tip-Tip'. Das heißt, dass eine Ruderfunktion mit einem Paar von Tastern gesteuert wurde. Man konnte das Ruder mit dem Antippen der einen ‚Tip'-Taste etwas mehr nach rechts bewegen, während es die andere ‚Tip'-Taste etwas mehr nach links bewegte. Waren keine Tasten angetippt, behielt das Ruder die Lage bei.

1.1.6 Transistoren

Um Fernsteuerungen zu bauen, werden Verstärker benötigt. Diese wurden in den 1950er-Jahren noch mit der Röhrentechnologie realisiert. Sie waren schwer und anfällig für Defekte. Vor allem aber benötigten sie viel Energie. Fernsteuerungen mit einem eingebauten Akku, wie wir dies heute kennen, gab es nur sehr wenige. Meistens standen die Sender auf dem Boden und der Modellpilot hielt nur ein Kästchen mit den Steuerknöpfen in der Hand. Die Energieversorgung wurde mit Autobatterien oder Benzingeneratoren realisiert. Ende der 1950er und Anfang der 1960er-Jahre wurden die Röhren von den Transistoren verdrängt. Die Tonmodulation im Sender und die Demodulation im Empfänger wurde so viel einfacher und vor allem gewichtssparender realisierbar. Außerdem erlaubte diese Technologie die Realisierung von Handsendern, bei welchen alle Funktionen inklusive Batterien in einem Gerät vereint waren. Was alles mit dieser Technologie noch möglich wurde, zeigen die folgenden Kapitel.

1.2 Proportional-Fernsteuerungen

Was bis jetzt erklärt wurde, zeigt lediglich die Umsetzung der technischen Möglichkeiten auf, welche die jeweilige Zeit zu bieten hatte. Die in diesem Kapitel behandelten Proportional-Fernsteuerungen funktionieren jedoch in der Kernfunktion immer noch genau so, wie bei deren Einführung in den 1960er-Jahren. Die im letzten Kapitel behandelte ‚Flattersteuerung' kannte ja schon eine zum Fernsteuerknüppel proportionale Ruderstellung. Der große Nachteil war jedoch, dass dies nur für ein einziges Ruder realisiert werden konnte. Was sich der Modellbauer jedoch damals schon wünschte, war die Möglichkeit, beim Modell für mehrere Funktionen gleichzeitig Ruderausschläge oder eine Motorgasstellung zu realisieren, welche sich proportional zum Hebel verhält.

1.2.1 Kreuzknüppel

Dazu wurde bei der Fernsteuerung eine neue Art der Benutzerschnittstelle, nämlich der so genannte Kreuzknüppel nach Bild 3 eingeführt. Dieser wird auch heute noch in derselben Form eingesetzt und prägt immer noch das Erscheinungsbild der Sender. Dabei werden mit einem kardanisch aufgehängten Knüppel zwei Funktionen realisiert.

Die genaue Position des Knüppels kann dabei auf verschiedene Arten erfasst werden. Oftmals wird dazu ein Potentiometer nach Bild 4 eingesetzt.

Die eine Extremposition wird mit dem Minuspol der Batterie verbunden. Der Ground oder die Masse des ganzen Senders wird oftmals auch auf den Minuspol gelegt. Die andere Extremposition wird an eine stabilisierte Spannung gelegt, welche meistens etwas tiefer liegt als der Pluspol der Batterie. Dazwischen ist ein Widerstandsbelag aufgetragen. Der zwischen den beiden Extrempositionen liegende Abgriff ist mechanisch mit dem Knüppel gekoppelt und liefert eine Spannung, welche zwischen dem Ground und der stabilisierten Spannung an der anderen Extremposition liegt. Es werden heute auch andere Arten zur Positionserfassung eingesetzt. Encoder messen optische Pulse bei der Bewegung des Knüppels oder Hall-Sensoren erfassen die Position aufgrund der Gesetze des Magnetismus. Diese beiden Varianten arbeiten berührungslos und benötigen keinen mechanischen Abgriff wie das Potentiometer. Allen ist aber gemeinsam, dass die Senderelektronik am Ende über eine Information der Knüppelposition verfügt. Selbstverständlich werden pro Kreuzknüppel jeweils zwei solcher Sensoren benötigt.

Bild 3: Kreuzknüppel.

Bild 4: Potentiometer beim Kreuzknüppel.

1.2.2 Signalcodierung und Modulation

Damit die Information über die Knüppelposition zum Empfänger übermittelt werden kann, muss diese noch in eine spezielle Form gebracht werden. Während die ersten Proportional-Fernsteuerungen noch nicht über einen bestimmten Standard diesbezüglich verfügten, setzte sich etwas später eine variable Pulslänge zwischen 1 ms und 2 ms nach Bild 5 durch.

Ein 1 ms bzw. 2 ms langes Signal bedeutet, dass sich der Knüppel in der einen oder anderen Extremposition befindet. Somit bedeutet das auch, dass sich die Servos auf der Modell-

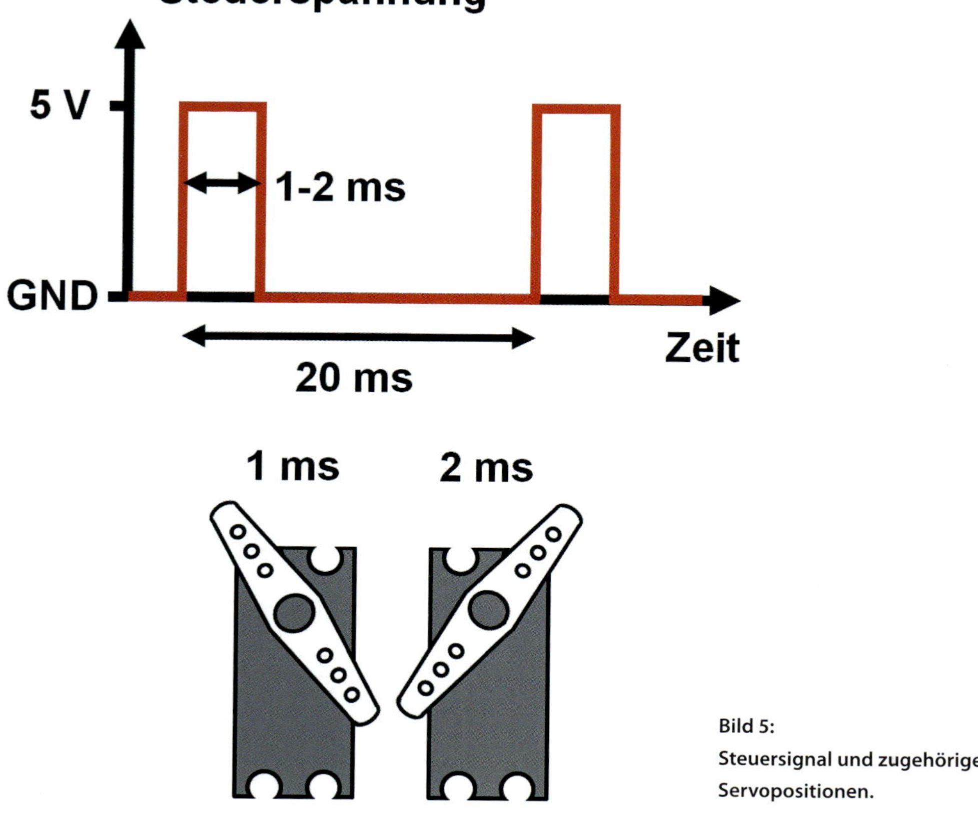

Bild 5:
Steuersignal und zugehörige Servopositionen.

seite bei 1 ms bzw. 2 ms langen Signalen ebenfalls in den beiden Extrempositionen befinden. Ein 1,5 ms langes Signal bedeutet also, dass der Knüppel und der Servo in der Mitte stehen. Diese Signale heißen auch PWM- oder Pulsweiten- modulierte Signale. Will man nun mehrere Kanäle übertragen, so hängt man diese einzelnen Pulslängen für jeden Kanal einfach hintereinander. Der so entstandene Signalstandard wird auch heute noch eingesetzt und hat den Namen PPM für Puls-Pausen-Modulation. Er wird im Kapitel 5.1 noch genauer behandelt. Wie der Zusatz ‚Modulation' verrät, wurde dieses Signal der Trägerfrequenz (zuerst 27 MHz, später auch 35 MHz oder 40 MHz) aufmoduliert. Im einfachsten Fall der Amplitudenmodulation oder Amplitudenumtastung ASK wird der Träger bei Signal ‚1' eingeschaltet und bei Signal ‚0' ausgeschaltet. ASK wird in Kapitel 5.2 noch etwas detaillierter behandelt. Die Modulation wird heute jedoch wesentlich komplizierter ausgeführt, als es bei den ersten Proportional-Fernsteuerungen der Fall war. Da die Modulationsarten für die Funktion der modernen Fernsteuerungen sehr wichtig sind, wird ihnen ein großer Teil von Kapitel 5 gewidmet.

1.3 Von der MHz- zur GHz-Übertragung

Die Reichweite der MHz-Sender liegt in der Größenordnung mehrerer hundert Meter bis zu wenigen Kilometern. Sie hängt von der erlaubten zulässigen Senderleistung ab. Wenn zwei Sender innerhalb desselben Reichweitengebietes auf derselben Frequenz Signale übertragen wollen, dann können die Empfänger nicht mehr unterscheiden, woher ihr detektiertes Signal stammt. Die empfangenen Signale sind dann eine Überlagerung der beiden Sendersignale. Somit mussten die Regulierungsbehörden auch Gesetze zu der Benutzung der Frequenzen erlassen. Den Fernsteuerungen im Modellbau wurden somit eigene Frequenzsegmente auf 27 MHz, 35 MHz und 40 MHz oder anderen MHz-Bändern zugeordnet. Sie sind dort die alleinigen Frequenznutzer.

1.3.1 Frequenztabellen

Die folgende kurze Zusammenstellung der für den Modellsport erlaubten Frequenzen erhebt nicht den Anspruch auf Vollständigkeit, genaue und aktuelle Informationen sind im Internet vorhanden. In vielen europäischen Ländern sind die Frequenzen von 35,010 MHz bis 35,200 MHz für Flugmodelle zugelassen. Sie werden im Abstand von 10 kHz bzw. 0,010 MHz noch in Kanäle unterteilt. 35,010 MHz entspricht dem Kanal 61. In 10-kHz-Schritten hochgezählt ergibt sich für 35,200 MHz der Kanal 80. Gleiches gilt für die RC-Cars, also ferngesteuerte Automodelle, und die Schiffsmodelle. Für diese ist ein Bereich von 26,995 MHz bis 27,255 MHz entsprechend den Kanälen 4 bis 30 und 40,665 MHz bis 40,695 MHz entsprechend den Kanälen 50 bis 53 zugelassen. In einigen Ländern sind auch nur einzelne Kanäle aus diesem Frequenzbereich erlaubt. Die Kanäle auf 27 MHz und 40 MHz sind grundsätzlich für den ganzen Modellbau zugelassen. Das 35-MHz-Band ist für den Flugmodellbau reserviert. Aufgrund der Sicherheit ist es deshalb ratsam, Flugmodelle ausschließlich mit 35-MHz-Fernsteuerungen zu betreiben. Es gibt länderspezifisch auch noch weitere für den Modellsport zugelassene Frequenzen im MHz-Bereich, beispielsweise manchmal noch das so genannte 35-MHz-B-Band von 35,820 MHz bis 35,910 MHz sowie weitere Kanäle auf 40 MHz. In einigen Ländern sind Frequenzen auf 41 MHz oder 72 MHz für den Modellsport erlaubt.

1.3.2 Der Weg zur 2,4-GHz-Fernsteuerung

Viele Jahre lang, von den 1960er bis in die 2000er-Jahre, prägten Frequenztafeln das Bild bei den Modellbauveranstaltungen. Bevor der Modellpilot oder -kapitän sein Modell fernsteuern konnte, musste er zuerst seinen Kanal auf der Tafel markieren, zum Zeichen, dass er diesen jetzt belegt. Alle anderen Teilnehmer mit demselben Kanal durften ihre Fernsteuerung während dieser Zeit keinesfalls einschalten, auch nicht zu Testzwecken. Hier war die Disziplin von allen zwingend nötig. Oftmals kam es jedoch wegen unbeabsichtigten Einschaltens des Senders trotzdem zu Störungen, welche sich speziell beim Modellflug meistens fatal auswirkten. Nicht wenige Modelle wurden auf diese Weise ziemlich unsanft vom Himmel geholt.

Es gab billige Fernsteuerungen, welche aufgrund von technischen Unzulänglichkeiten so breitbandig sendeten, dass sie zusätzlich zu ihrem eigenen auch auf den benachbarten Kanälen sendeten. Diese sogenannten ‚Kanalschweine' konnten nur mit speziellen Frequenz-Scannern ausfindig gemacht werden. Die Scanner gehörten speziell bei größeren Veranstaltungen zu den unverzichtbaren Hilfsmitteln der Organisatoren.

Die MHz-Technologie bei den Fernsteuerungen war Ende der 1990er-Jahre fast 50 Jahre alt. An der Übertragungsart hatte sich bis dahin grundsätzlich sehr wenig geändert, außer neuen Codierungsarten wie PCM (siehe Kapitel 5.1) oder anderen Modulationsarten wie FSK oder PSK (siehe Kapitel 5.2). Für den Benutzer jedoch hatte sich sehr viel geändert. Es gab Menügeführte Einstellungsmöglichkeiten, oder auch die Einführung mehrerer Modellspeicher, indem Trimmung sowie Servowege, Servoinvertierungen und Belegungen für jedes Modell individuell abgespeichert werden konnten. Das alles hatte seinen Ursprung in der fortschreitenden Weiterentwicklung der Transistortechnik zu immer leistungsfähigeren Mikroprozessoren.

1.3.3 Erste 2,4-GHz-Fernsteuerungen

Auch vor der Übertragungstechnik machte die Entwicklung der Mikroprozessoren keinen Halt. In der modernen Kommunikationstechnik wurde das Band von 2,400 GHz bis 2,483 GHz immer bedeutender. Es gehört zum sogenannten ISM- (Industrial Scientific Medical) Band. So wurden auch die Fernsteuerungen zu einer Anwendung davon. Auf diesen 2,4-GHz-Frequenzen sind jedoch die Fernsteuerungen lange nicht alleine. Anders als bei den MHz-Frequenzen, bei welchen ein bestimmter Frequenzbereich ausschließlich für sie reserviert ist, müssen sie sich dieses Band mit einer Vielzahl von anderen modernen Kommunikationsmitteln teilen. Ein viel gehörter Oberbegriff dafür ist WLAN, eine Abkürzung für Wireless Local Area Network.

In den frühen 2000er-Jahren wurden viele 2,4-GHz-Umrüstsätze für die MHz-Steuerungen angeboten. Hier wurden einfach die Hochfrequenzteile von Sender und Empfänger ausgetauscht. Das Sendergehäuse und die Peripherie wie Servos und Motorenregler blieben ja gleich wie vorher. Es zeigte sich jedoch sehr bald, dass die neue Technologie einen entscheidenden Vorteil gegenüber der alten hatte: Man war jetzt nicht mehr darauf angewiesen, dass niemand sonst auf der eigenen Frequenz sendete, sondern konnte seine Steuerung jederzeit unabhängig von anderen einsetzen. Aus diesem Grund lösten die 2,4-GHz-Steuerungen die alten MHz-Steuerungen innerhalb nur weniger Jahre nahezu vollständig ab.

1.3.4 Größter Vorteil der 2,4-GHz-Technologie

Die Vielzahl der Kommunikationsmittel auf dem 2,4-GHz-Band kann ihre Daten nur dann einigermassen störungsfrei übermitteln, wenn der Sender und der Empfänger jeweils dieselbe Codierung verwenden. Andererseits müssen sie auch die Frequenzen wechseln können und jederzeit voneinander wissen, welche Frequenz im Moment verwendet wird. Das ist jetzt nur eine ganz einfache Zusammenfassung dessen, was in Kapitel 5 noch ausführlich behandelt wird.

Diese Abstimmung zwischen dem Sender und dem Empfänger wird ‚Binding' genannt. Im Wesentlichen ist es das, was die Frequenzwahl, also das Stecken der Quarzpaare in Sender und Empfänger bei den MHz-Steuerungen ablöst. Etwas salopp kann es auch so erklärt werden: Mit dem Binding stellt man die Sprache zwischen Sender und Empfänger ein. Nur wenn beide die Sprache verstehen, können sie miteinander sprechen. Befinden sich viele Menschen in einem Raum und alle möchten jeweils mit einem anderen kommunizieren, dann geht das, indem der Franzose nur die französischen Sätze versteht und der Engländer nur die englischen. Noch besser funktioniert es, wenn alle mit derselben Lautstärke sprechen, also technisch ausgedrückt keiner mit größerer Leistung denjenigen mit kleinerer Leistung übertönt. Auch das wird noch eingehend in Kapitel 5 besprochen.

In jedem Falle aber hat das zur Folge, dass auf dem Flugfeld, der Rennstrecke oder dem See der eine Sender mit seinem Empfänger ‚Französisch' spricht und der andere Sender mit seinem Empfänger ‚Englisch'. In der Übertragungstechnik gibt es jedoch nicht nur die uns bekannten Sprachen, sondern es gibt eben unendlich viele von diesen. Und so ist es (fast) unmöglich, dass an demselben Ort zwei Sender und Empfänger einander nicht verstehen können, obwohl auf demselben Frequenzband noch ganz viele andere miteinander kommunizieren.

2. Komponenten einer Fernsteuerung

Eine komplette Fernsteueranlage besteht mindestens aus den Komponenten in Bild 6. In Bild 7 sind sie auch schematisch dargestellt. Diese sollen zuerst kurz vorgestellt werden, eingehender werden sie dann in den folgenden Unterkapiteln dargestellt. Links ist der Sender zu sehen, auf der rechten Seite alles das, was im Modell untergebracht wird. Um den Empfänger mit Energie zu versorgen, gibt es allerdings verschiedene Möglichkeiten. Die hier dargestellte Variante wird beispielsweise bei Modellen mit einem Verbrennungsmotor eingesetzt. Dazu wird der Empfänger direkt mit einem eigens dafür vorgesehenen Akku, einem Empfängerakku, gespeist. Auch wenn gar kein Motor vorhanden ist, beispielsweise bei Segelflugzeu-

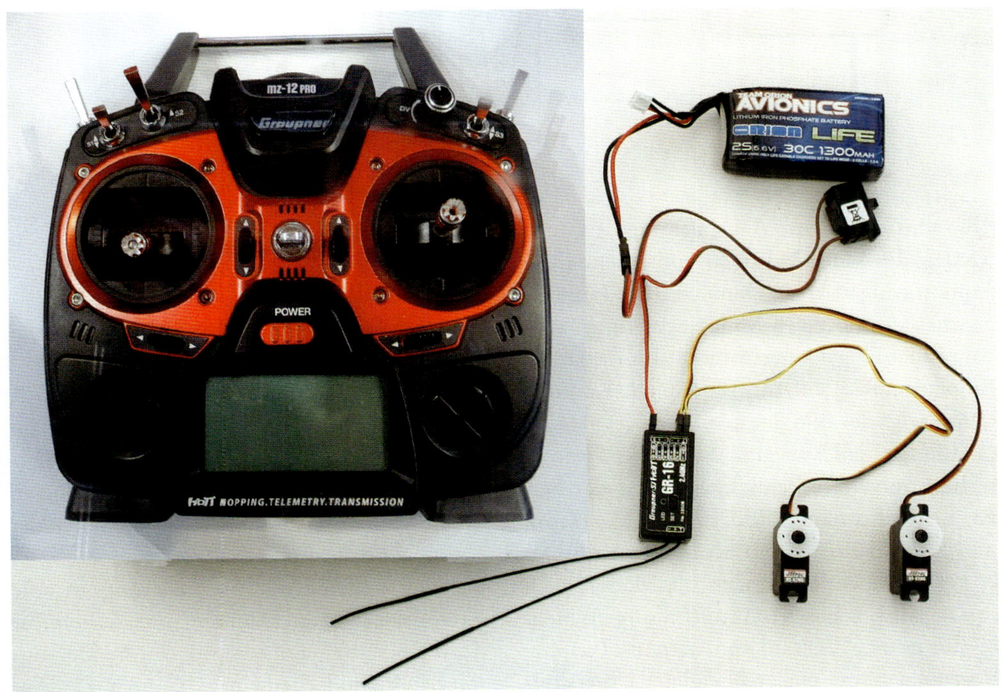

Bild 6: Komplette Fernsteueranlage mit allen benötigten Komponenten.

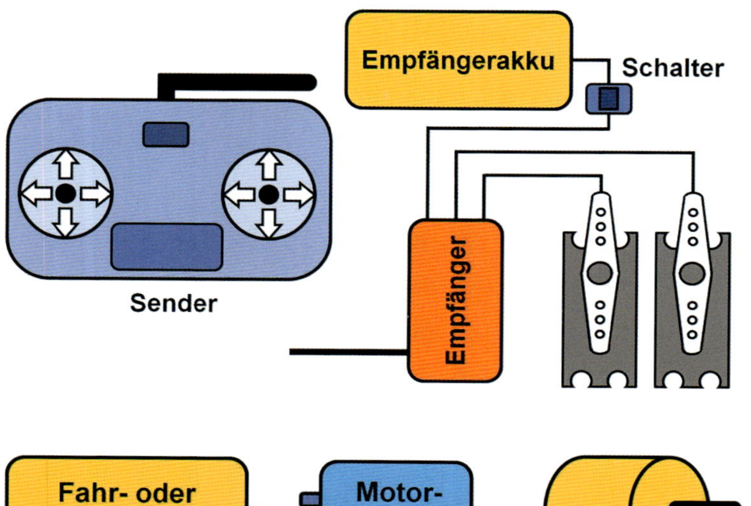

Bild 7: Schematische Darstellung einer kompletten Fernsteueranlage.

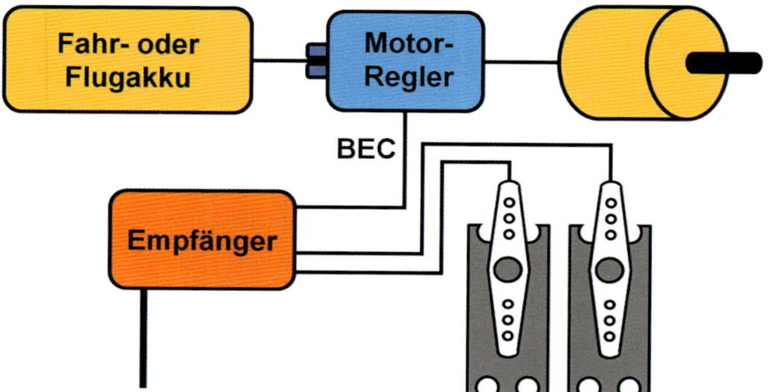

Bild 8: Schematische Darstellung einer Empfangsanlage, welche über den Fahr- oder Flugakku versorgt wird.

gen, wird ein solcher Akku benötigt. Oftmals werden die Modelle jedoch von einem Elektromotor angetrieben. Dann wird der Empfänger meistens über den Motorregler direkt vom Fahr- oder Flugakku versorgt und ein separater Empfängerakku entfällt. Eine solche Konfiguration zeigt das Bild 8 schematisch.

Ein seit dem Anbeginn der Fernsteuerungstechnik unverzichtbares Element ist der Servo. Er wird oft auch Rudermaschine genannt und sorgt dafür, dass die von der Fernsteuerung kommenden Signale im Modell auch für die entsprechenden Aktionen sorgen. Heute gibt es eine Vielzahl von weiteren Peripheriegeräten. Im entsprechenden Unterkapitel soll eine kleine Auswahl gezeigt werden.

2.1 Sender

2.1.1 Handsender

Der in Bild 9 dargestellte Sender ist ein so genannter Handsender. Dieser ist unter allen Senderarten sicherlich am meisten verbreitetet. Wie der Name es bereits verrät, wird der Sender auf beiden Seiten mit je einer Hand umfasst. Oftmals steuern die Piloten nur mit den beiden Daumen, welche jeweils auf die Oberseiten der Knüppel gelegt sind.

Eine andere Art der Steuerung ist, die Knüppel zwischen Daumen und Zeigefinger der Hände zu nehmen und den Sender nur mit den Handflächen einzuklemmen. Der Autor zieht diese Steuerungsart vor, da sie aus seiner Sicht eine feinfühligere Steuerung erlaubt. Für eine zusätzliche Fixierung sorgt hier auch ein Trageriemen, welcher um den Nacken getragen wird. Er bietet den Vorteil, dass der Sender nicht aus der Hand gleiten und zu Boden fallen kann, hat aber den Nachteil, dass er zum Beispiel bei einem Wurfstart eines Modellflugzeugs etwas hinderlich ist.

2.1.2 Pultsender

Das Bild 10 zeigt einen Pultsender. Dieser ist meistens so geformt, dass er an den Bauch angelehnt werden kann. Weitere Trageriemen sorgen hier für zusätzlichen Halt. Meistens wird mit Daumen und Zeigefinger gesteuert, während die Hand auf der Steuerung abgestützt wird. Der Sender bleibt auch ohne die Mithilfe der Hände in seiner Position. Für viele Handsender sind Erweiterungen zum Pultsender erhältlich.

Ob eher ein Hand- oder ein Pultsender bevorzugt wird, hängt von den persönlichen Vorlieben des Piloten ab. Häufig ist es so, dass diejenigen, welche nur die vier Funktionen der beiden Kreuzknüppel benötigen, eher den Handsender bevorzugen. Wer mehr Funktionen steuern muss, betätigt neben den beiden Knüppeln auch noch verschiedene Drehgeber oder Schalter. Dies wird mit einem Handsender eher schwierig. Deshalb steuern diese Piloten dann eher mit Pultsendern. Als Beispiele sind große Modellflugzeuge zu nennen oder der ganze Schiffsmodellbau, bei welchem oftmals sehr viele Zusatzfunktionen vorhanden sind.

Bild 9: Handsender.

Bild 10: Pultsender.

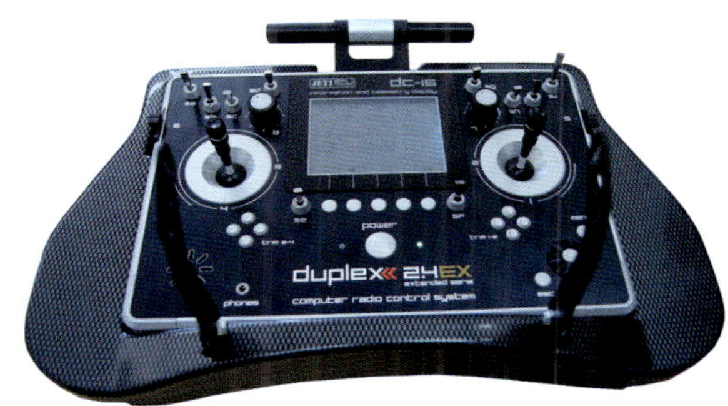

2.1.3 Colt-Sender

Eine ganz andere Art der Steuerung hat sich bei RC-Cars oder bei schnellen RC-Booten durchgesetzt. Es handelt sich um den Colt-Sender in Bild 11. Der Name verrät schon, dass es sich hier um etwas Pistolenähnliches handeln muss. Ein Rechtshänder nimmt den Griff in die linke Hand. Mit der rechten Hand betätigt er das Steuerrad. Der ‚Abzug‘ kann auf beiden Seiten betätigt werden und bedeutet beim Drücken ‚Gas‘ und beim Zurückziehen ‚Bremse‘ oder ‚Rückwärts‘. Beides zusammen kann in den modernen Motorreglern für Brushless-Motoren mit einer Funktion bzw. einem Kanal umgesetzt werden. Häufig ist noch ein dritter Kanal vorhanden. Dieser ist für mechanische Bremsen vorgesehen. Mit einem manchmal noch zusätzlichen vierten Kanal können sogar die Hinter-

Bild 11: Colt-Sender.

und Vorderachse getrennt gebremst werden. Damit lassen sich RC-Cars viel realitätsnäher steuern als mit Kreuzknüppeln. Die Anzahl Funktionen ist jedoch begrenzt, mehr als vier Kanäle sind bei Colt-Sendern eher selten.

2.2 Empfänger

Der Empfänger (Bild 12) ist das Herzstück auf der Modellseite. Er nimmt die Information über seine Antenne auf, verarbeitet sie, und gibt sie an die Peripheriegeräte wie Servos und Motorregler weiter. Am Empfänger gibt es für jeden Kanal einen eigenen Steckplatz für diese Geräte. Die Steckplätze haben alle drei Pins, einer ist für den Masseanschluss (Ground), einer für die Spannungsversorgung, welche etwa zwischen 4,8 V und 7,4 V liegt, und einer ist für das zu übermittelnde Signal vorgesehen. Wie es noch in Kapitel 5 zu besprechen gilt, gibt es bei der 2,4-GHz-Technologie verschiedene Varianten der Datenübertragung vom Sender zum Empfänger. Vom Empfänger zu den Peripheriegräten wird jedoch seit vielen Jahren ein pulsweitenmoduliertes (PWM-) Signal nach Bild 5 übertragen. Etwa alle 20 ms wird ein Puls von der Länge zwischen 1,0 ms und 2,0 ms an die Servos bzw. den Motorregler übertragen. Alle Hersteller unterstützen diesen Standard und deshalb sind die Peripheriegeräte auch austauschbar. Die moderne Mikroprozessortechnologie erlaubt auch Zusatzfunktionen. So kann bei einigen Empfängern auch eine ‚Fail Safe‘-Funktion programmiert werden. Wenn der Empfänger über eine bestimmte Zeit keine sinnvollen Signale erhält, kann er mit ausgewählten oder allen Servos zusammen eine zuvor definierte Position einnehmen. Die modernen digitalen Servos können auch selbst eine ‚Fail Safe‘-Funktion ausüben. Das wird später im Buch beschrieben. Die Empfänger unterstützen häufig auch eine ‚Hold‘-Funktion. Dann sorgen sie bei zu schwachem Empfangssignal oder einer Störung dafür, dass die Servos die zuvor eingenommene Position halten.

Bild 12: 2,4-GHz-Empfänger.

Oftmals wird heute auch von so genannt hochstromfähigen Empfängern gesprochen. Bei den meisten Systemen wird auch die Energie für die später beschriebenen Servos über die dreipoligen Stecker verteilt. Auch bei den größten Modellen ist das so ausgeführt. Die dort eingesetzten Servos ziehen teilweise Ströme von mehreren Ampère. Die Zuleitung zum Empfänger muss die Summe der Ströme von allen angeschlossenen Servos zur Verfügung stellen. Dies stellt hohe Anforderungen an diese und deren Steckersystem. Hochstromfähige Empfänger haben als Zuleitung ein entsprechend dickeres Kabel und kräftigere Steckersysteme, welche für diese hohen Ströme ausgelegt sind.

2.3 Servos

Die Servos sind die eigentlichen Arbeitspferde einer Fernsteuerung. Sie bewegen sich proportional zur Knüppelstellung und übertragen ihre Position mechanisch zu den Rudern, zur Radstellung, zu den Bremsen oder zu all dem, was im Modell bewegt werden soll. Bild 13 zeigt Servos, welche in ein Automodell eingebaut sind. Der Name ist vom Lateinischen abgeleitet. ‚Servus' heißt übersetzt ‚Sklave'. Der Servo muss eben genau das machen, was ihm vom Empfänger über das PWM-Signal aufgetragen wurde. Er muss die dem Signal entsprechende Position mit seinem Ruderhorn anfahren. Dazu hat er immer eine Positionsregelung integriert. Ursprünglich wurde diese Regelung analog aufgebaut. Bei moderneren Servos wird sie oftmals auch digital ausgeführt. Das führt auch zu den beiden heute eingesetzten Typen. Deren Eigenschaften werden in den nächsten beiden Unterkapiteln besprochen.

2.3.1 Analoger Servo

Bild 14 zeigt das Übersichtsschema eines analogen Servos. Am Eingang wird der Sollwert, das bereits besprochene PWM-Signal, angelegt. Beim Getriebe wird jetzt zur Positionsmessung im einfachsten Fall wieder ein Potentiometer, wie es bereits bei der Behandlung des Kreuzknüppels in Kapitel 1.2 behandelt wurde, eingesetzt. Hier erfasst es die Stellung des

Bild 13: Eingebaute Servos.

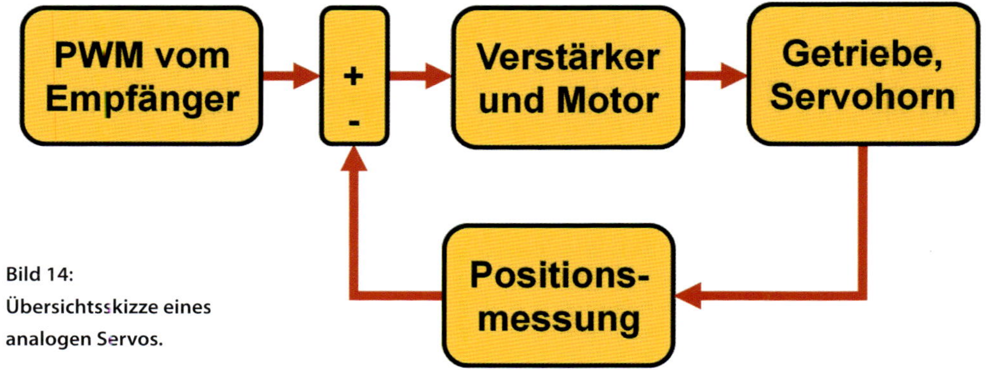

Bild 14: Übersichtsskizze eines analogen Servos.

Ruderhorns. Zum Vergleicher, in Bild 14 mit dem +/- dargestellt, wird das PWM-Signal mit dem Einsatz von etwas Filtertechnologie in eine Gleichspannung umgewandelt. In der Fachsprache handelt es sich dabei um ein Tiefpassfilter. Je nachdem, welche der beiden Spannungen größer ist, lässt der Verstärker den Motor in die eine oder die andere Richtung drehen. Sind beide Spannungen gleich, ist die gewünschte Position erreicht und der Motor dreht sich nicht mehr. Diese Regelung und damit auch der Servo ist deshalb so genannt ‚analog', weil der Vergleicher und der Verstärker nicht mit den digitalen Werten ‚0' und ‚1', sondern mit Spannungswerten zwischen 0 und 5 V (oder auch bis zu 7,4 V) arbeiten. Das PWM-Signal wird nur etwa alle 20 ms erneuert, also rund 50 Mal pro Sekunde. Die Wartezeit von 20 ms kommt wegen des PPM-Summensignals zustande (Kapitel 5.1). Dieses System regelt ständig die Position des Getriebes und somit des Ruderhorns nach.

2.3.2 Digitaler Servo

Grundsätzlich gilt Bild 14 auch für die moderneren digitalen Servos. Die Elektronik wird hier jedoch von einem Mikroprozessor gesteuert. Als Positionssensor wird in vielen Ausführungen kein Potentiometer mehr verwendet, sondern das wird optisch mit einem sogenannten Encoder oder magnetisch mit Hall-Sensoren gemacht. Deren Signale werden digital in den Vergleicher eingelesen. Dieser berechnet auch direkt die Pulslänge des PWM-Signales. Dadurch lassen sich auch andere Pulslängen und PWM-Signale auswerten.

Es gibt von verschiedenen Herstellern auch schnellere Raten als 20 ms für die Aufdatierung der Servoposition, als Beispiel sei HRS für ‚High Response Speed' genannt. Hier werden die PWM-Signale etwa drei- bis viermal schneller wiederholt. Digitale Servos können auf schnellere Raten umgestellt werden. Es ist durch die höhere Aufdatierungsrate des Sollwerts dann beispielsweise auch möglich, die Position mit einem höheren Drehmoment anzufahren. Bei einigen Servos lässt sich der Maximalstrom auch einstellen. Die Physik lässt sich jedoch nicht austricksen. Durch höhere Drehmomente, wie sie in den Katalogen angepriesen werden, steigt auch der Stromverbrauch. Im Zusammenhang mit digitalen Servos sollte das unbedingt beachtet werden. So empfehlen mehrere Hersteller, für den Einsatz von digitalen Servos größere Akkus zu verwenden. Die Mikroprozessortechnologie erlaubt jedoch weitere Einstellmöglichkeiten, welche mit der anlogen Technik nicht möglich gewesen wären. So kann mit verschiedenen Systemen auch eine ‚Fail Safe' oder eine ‚Hold'-Funktion auf der Ebene des Servos programmiert werden, sogar mit verschiedenen Prioritätsstufen. Damit kann bei einem kurzzeitigen Ausbleiben der PWM einfach die letzte Position gehalten werden, bei einem längeren Ausfall kann der Servo auch in eine sichere Position gefahren werden. Das kann bei einem Modell mit Verbrennungsmotor beispielsweise die Leergasstellung sein.

Die oftmals gehörte Aussage, ein digitaler Servo sei genauer als ein analoger, stimmt jedoch nicht unbedingt. Die Genauigkeit hängt von anderen Faktoren als von ‚digital' ab, beispielsweise von der Sensorik oder vom Getriebespiel.

2.3.3 Gewicht, Drehmoment und Drehgeschwindigkeit

Diese drei Begriffe definieren die wichtigsten Eigenschaften der Servos. Das Gewicht beträgt je nach der Einbaugröße, dem Drehmoment und der Drehgeschwindigkeit etwa von 5 g bis 100 g. Das Drehmoment wird oftmals in der Einheit Ncm für ‚Newton Zentimeter' angegeben. Es liegt etwa im Bereich zwischen 5 Ncm bis 200 Ncm. Um diese Zahlen etwas verständlicher darzustellen, soll ein kleines Gedankenexperiment durchgeführt werden. Wenn ein Servo beispielsweise 10 Ncm Drehmoment erreichen kann, dann kann man bei einem liegenden Servo im Abstand von 1 cm zur Drehachse ein Gewicht von 10/10 kg = 1 kg anhängen. Der Teiler von 10 ergibt sich dabei wegen der Gewichtskraft, einer physikalischen Größe, welche von der Erdanziehung abhängt. Im Abstand von 2 cm wäre es noch die Hälfte, also 500 g und im Abstand von 3 cm wären es noch 333 g. Bei einem extrem starken Servo, welcher ein Drehmoment von 200 Ncm aufbringen kann, könnten im Abstand von 1 cm zur Drehachse also 200/10 kg = 20 kg angehängt werden. Bild 15 zeigt, wie das mit dem angehängten Gewicht gemeint ist.

Der Servo HS-82MG von Hitec kann laut Datenblatt ein Drehmoment von 34 Ncm bei einer Versorgungsspannung von 6 V aufbringen. Somit kann im Abstand von 1 cm zur Drehachse ein Gewicht von 34/10 kg = 3,4 kg angehängt werden.

Viele Hersteller unterscheiden in ihren Datenblättern zwischen Stellmoment und Haltemoment. Das Stellmoment ist das Drehmoment, welches der Servo im drehenden Zustand aufbringen kann. Das Haltemoment ist das Drehmoment im Stillstand. Bei dieser Unterscheidung wird das Haltemoment meistens etwas höher angegeben als das Stellmoment. Das Drehmoment, welches der Servo aufbringen

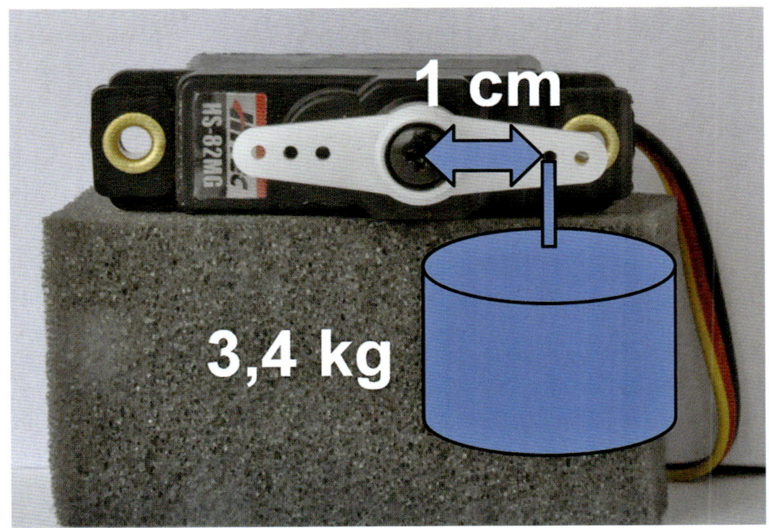

Bild 15: Servo mit Drehmoment 34 Ncm.

muss, ist proportional zum Stromverbrauch. Ein Servo benötigt also weniger Strom, wenn er ein leichtgängiges Ruder bewegen muss, da dann auch das benötigte Drehmoment kleiner wird. Deshalb sollte man beim Einbau der Ruder und des Gestänges unbedingt darauf achten, dass sich diese gut bewegen lassen.

Für viele Anwendungen ist auch die Stellgeschwindigkeit wichtig. Diese wird korrekterweise immer in Sekunden pro Grad angegeben. Wenn der Stellweg beispielsweise total eine Viertelumdrehung, also 90° oder +/-45° beträgt, dann wird er oftmals in Sekunden pro 45° angegeben. Das ist also die Zeit, welche der Servo benötigt, um das Ruderhorn von der Mitte zu einer Endstellung zu bewegen. Diese liegt bei gängigen Servos etwa zwischen 0,1 s und 0,2 s.

2.3.4 Spannung

Ursprünglich betrug die Servospannung 4,8 V, weil vier Zellen mit je 1,2 V in Serie geschaltet wurden. In Kapitel 2.5 ‚Energieversorgung' wird das noch etwas vertieft behandelt, weil heutige Empfängerakkus Spannungen von bis zu 7,4 V aufweisen. Die Hersteller bieten deshalb heute Lösungen für 4,8 V, 6 V und auch solche für 7,4 V und höher an. Die Servos, welche mit maximal 7,4 V betrieben werden, können selbstverständlich auch bei tieferen Spannungen eingesetzt werden. Umgekehrt geht das jedoch oftmals nicht.

Da das mögliche Drehmoment und auch die Drehgeschwindigkeit bei unterschiedlichen Spannungen ebenfalls unterschiedlich ist, wird bei einigen Datenblättern angegeben, für welche Spannungen die entsprechenden Werte gelten.

2.3.5 Getriebe und Lager

Um die hohen Drehmomente zu erreichen, sind die Servos mit einem Getriebe untersetzt. Diese bestehen bei Servos mit kleiner Beanspruchung aus Kunststoff. Seit einiger Zeit wird auch Carbonit als Material eingesetzt. Höheren Anforderungen werden Getriebe aus Metall gerecht. Diese sollten speziell auch dann vorgezogen werden, wenn die Schwankungen der Drehmomente groß sind oder der Servo Stößen und Schlägen ausgesetzt wird. Diese Getriebe sind jedoch etwas schwerer und auch etwas teurer in der Anschaffung.

Auch bei den Lagern der Welle, welche das Ruder- oder Servohorn trägt, gibt es unterschiedliche Ausführungen. Bei geringen Anforderungen werden Gleitlager eingesetzt, bei höheren Anforderungen sind die Wellen einfach oder doppelt kugelgelagert.

2.4 Motorregler

Als Flug- oder Fahrmotoren werden heute fast nur noch Brushless-Motoren eingesetzt. Zu einem Brushless-Motor gehört wegen der speziellen Ansteuerung auch ein Brushless-Regler. Ein Brushless-Regler wird eingangsseitig von einem Flug- oder Fahrakku mit einer Gleichspannung versorgt und kann wie die Servos direkt an den Empfänger angeschlossen werden. Dieser versorgt sie über ein pulsweitenmoduliertes Signal mit einem Drehzahlsollwert. Eine Pulslänge von 1 ms entspricht dabei ‚Leergas', eine Pulslänge von 2 ms entspricht ‚Vollgas'.

Die Versorgungsspannung wird nun in eine dreiphasige Wechselspannung umgewandelt. Soll ein Motor schneller drehen, so muss die Frequenz und die Amplitude der Wechselspannung so erhöht werden, dass die Drehzahl ihr zu folgen vermag. Der Motorregler übernimmt also verschiedene Aufgaben. Er muss einerseits das vom Empfänger erhaltene PWM-Signal auswerten und daraus die gewünschte Drehzahl berechnen. Andererseits muss er die Akkuspannung in ein dreiphasiges Wechselsignal umwandeln und die Motordrehzahl bis zur gewünschten Drehzahl hochfahren.

Die aktuelle Entwicklung der Technik spricht nicht für den Einsatz von Gleichstrommotoren bzw. Bürstenmotoren als Fahr- oder

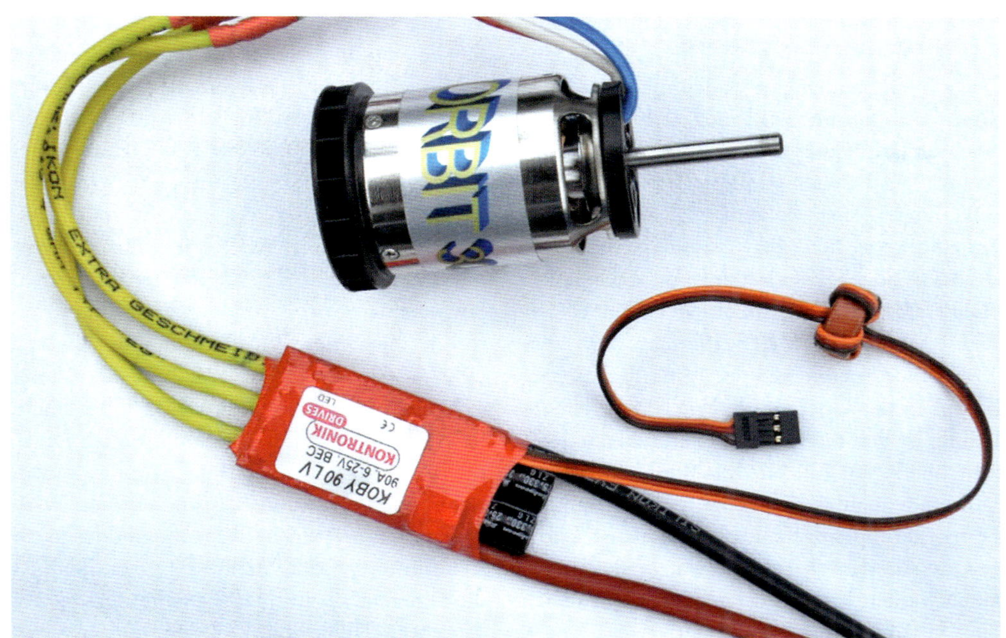

Bild 16: Motorregler und Brushless-Motor.

Flugmotoren. Ihre Wirkungsgrade liegen verglichen mit der Brushless-Technologie wesentlich tiefer und die Bürsten sind darüber hinaus auch Verschleißteile, welche die Lebensdauer der Motoren verkürzen. Bürstenmotoren sind jedoch einfacher in der Ansteuerung, da sie keine dreiphasige Wechselspannung, sondern nur eine Gleichspannung benötigen. Aus diesem Grunde gibt es speziell bei preiswerteren RC-Cars oder Schiffsmodellen immer noch einige Systeme mit Bürstenmotoren und entsprechenden Motorreglern auf dem Markt.

Eine weitere sehr wichtige Zusatzaufgabe des Motorreglers ist die Energieversorgung des Empfängers über den Flug- oder Fahrakku. Dies wird im nächsten Kapitel ausführlich behandelt. Bild 16 zeigt einen Motorregler inklusive Brushless-Motor. Der dreipolige Stecker wird wie derjenige der Servos beim Empfänger eingesteckt. Dessen Energieversorgung wird ebenfalls über diesen Stecker vorgenommen.

2.5 Energieversorgung

2.5.1 Senderakku

Die Energieversorgung von modernen Fernsteueranlagen ist meistens so ausgelegt, dass mit einem Akkusatz ein Betrieb von mehreren Stunden möglich ist. Je nach Betriebsdauer und Typen werden im Sender Akkus mit Spannungen zwischen 5 V und 12 V und Ladekapazitäten zwischen 1.500 mAh und 3.000 mAh und mehr eingesetzt. Wie fast überall im Modellbau wird auch hier oft der Lithium-Polymer-(LiPo-) Akku eingesetzt. Dieser Akku ist leicht und verfügt über eine hohe Energiedichte, kann also bezogen auf sein Gewicht sehr viel Energie speichern. Ebenfalls eingesetzt werden Lithium-Eisenphosphat-Akkus (LiFe oder LiFePO). Sie haben eine etwas geringere Energiedichte, können jedoch schneller wieder aufgeladen werden. Vor allem die LiPo-Akkus sind sehr anfällig auf Tiefentladung und mögen eine zu tiefe Zellenspannung gar nicht. Sie büßen dann schnell einen Teil ihrer Speicherfähigkeit ein. Da es beim Senderakku jedoch nicht auf jedes Gramm ankommt, wird hier auch oft immer noch der seit langer Zeit im Modellbau eingesetzte Nickel-Metallhydrid NiMH-Akku eingesetzt. Dieser weist zwar einige Nachteile auf. Er hat eine wesentlich geringere Energiedichte als die LiPo- oder LiFePO-Akkus, ist also bei gleichen Daten schwerer. Außerdem entlädt er sich relativ schnell selbst. Er verliert pro Tag etwa 1 % seines Energieinhaltes. Seine Eigenschaft bezüglich der Unempfindlichkeit auf Tiefentladung ist den moderneren Akkutypen jedoch weit überlegen. Ein NiMH-Akku kann unter Umständen jahrelang in einer nicht benutzten Fernsteuerung eingebaut bleiben. Es ist schon erstaunlich, dass er dann einfach wieder aufgeladen werden kann und fast nichts von seiner Speicherfähigkeit eingebüßt hat.

2.5.2 Empfängerversorgung mit Battery Eliminator Circuit

Wie es oben besprochen wurde, haben alle Modelle mit einem Elektroantrieb Motorregler. Diese sind direkt mit dem Fahr- oder Flugakku verbunden. Es wäre dann eigentlich eine unnötige Doppelspurigkeit, wenn der Empfänger einen eigenen Akku bekäme. Deshalb ist es heute Standard, dass alle Motorregler über ein so genanntes BEC, ein Battery Eliminator Circuit, verfügen. Übersetzt ist das ein Schaltkreis, welcher den Empfänger-Akku eliminiert. Da die Akkuspannung des Fahr- oder Flugakkus meistens höher ist als der Empfänger es verlangt, ist es die Aufgabe des BEC, daraus eine stabile Versorgung herzustellen. Dazu wird einfach der dreipolige Stecker beim für den Motorregler vorgesehenen Steckplatz eingesteckt. Dabei ist ein Pol Masse (Ground), einer ist das Signal und einer ist die Plusspannung der Versorgung.

Bei der technischen Ausführung des BEC gibt es zwei verschiedene Arten. Eine Möglichkeit ist, dass ein so genannter Linearregler eingesetzt wird. Dieser schneidet die Empfängerspannung immer bei den gewünschten 5 V oder 6 V ab. Das verursacht im Motorregler auch eine Verlustleistung. Diese berechnet sich aus der Differenz zur Spannung des Fahrakkus multipliziert mit dem Strom des Empfängers und der Peripherie. Wenn als Beispiel ein LiPo mit 11,1 V als Flugakku eingesetzt wird, und der Empfänger mit seinen Servos einen Strom von 2 A zieht, dann berechnet sich die Verlustleistung im BEC zu (11,1 V – 5 V) × 2 A = 12,2 W. Man kann sich leicht vorstellen, dass das BEC bei einem RC-Car mit einem drehmomentstarken Lenkservo, welcher also auch einen hohen Strom zieht, eine hohe Verlustleistung erzeugt. Wird andererseits bei großen Elektroflugmodellen ein Akku mit 40 V oder mehr eingesetzt, dann ist die Differenz zur Empfängerspannung so groß, dass ebenfalls eine hohe Verlustleistung entsteht.

Aus diesem Grunde wird das BEC speziell bei größeren Motorreglern in der anderen Variante ausgeführt, nämlich geschaltet. Es heißt dann in den Dateblättern manchmal ‚SBEC', dabei steht ‚S' für ‚switched'. Ein solches BEC zerhackt die Akkuspannung mit geschalteten Transistoren zu der viel kleineren Versorgungsspannung für den Empfänger. Dies geschieht viel verlustärmer als bei BEC mit Linearreglern. So kann auch die Erwärmung des Motorreglers in Grenzen gehalten werden.

Der Motorregler wird somit zur Energiezentrale des Modells. Die sichere Energieversorgung des Empfängers ist dann fast noch die wichtigere Aufgabe, als die Regelung des Motors selbst. Der Regler muss nämlich dafür sorgen, dass der Elektromotor bei Unterspannung rechtzeitig abgeschaltet wird. Speziell bei Flugmodellen muss der Empfänger ja jederzeit funktionieren, um die Steuerung bei der Landung zu gewährleisten.

Große Modelle erfordern getrennte Energieversorgungen des Motors und Empfängers. Die Spannungsversorgung über ein BEC gilt eigentlich nur für kleine und mittelgroße Modelle. Bei großen Modellen werden trotz des Mehrgewichts je ein getrennter Fahr- oder Flugakku für den Antriebsmotor und ein Empfängerakku eingesetzt. Diese Redundanz wird aus Sicherheitsgründen geschaffen. Wie bereits erwähnt, ist die Energieversorgung des Empfängers in den meisten Fällen viel wichtiger als diejenige des Motors. Obwohl die Technik mit dem BEC heute sehr zuverlässig funktioniert, ist der Einsatz von zwei getrennten und mit je einer eigenen Energieversorgung versehenen Stromkreisen für den Motor und den Empfänger trotz allem die sicherere Variante. Bei großen Modellen spielt auch die dadurch verursachte Gewichtszunahme keine Rolle. Diese Redundanz kann man leicht vertreten, wenn der Preis eines großen Modells in die Größenordnung eines Mittelklassewagens kommt. Den Verlust eines solchen Modells infolge Empfangsausfalls sollte man unbedingt vermeiden, ganz abgesehen vom Sicherheitsrisiko, welches es in einem solchen Fall darstellt. In diesem Falle muss man unbedingt die BEC-Spannung abschalten. Wenn der Regler eine solche Option nicht vorsieht, muss man den Pluspol, also das mittlere rote Kabel des BEC-Steckers, abtrennen. Sonst würde ja die BEC-Spannung und der Pluspol des Empfängerakkus über den Empfänger selbst kurzgeschlossen. Da die beiden Spannungen jedoch nie genau gleich groß sind, würden dann sehr große Ausgleichströme fließen, welche sowohl dem Empfängerakku, als auch dem BEC-Schaltkreis schaden können.

2.5.3 Empfängerversorgung mit Akku

Bei Modellen mit Verbrennungsmotor oder bei Modellen ganz ohne Motor, beispielsweise bei Segelflugzeugen oder Segelschiffen, ist kein solcher Motorregler vorhanden. In diesem Falle wird wie beim Sender ein ganz normaler Akku als Stromversorgung für den Empfänger verwendet. Auch hier werden wieder hauptsächlich die Akkutypen NiMH, LiPo oder LiFePO eingesetzt, mit den zuvor beschriebenen Vor- und Nachteilen. Bei den Empfängerakkus ist der NiMH-Akku zu Beginn des 21. Jahrhunderts wie bei den Senderakkus noch stark vertreten, wegen seiner Unempfindlichkeit auf Tiefentladung. Es gibt nämlich bei den Empfängern keine Unterspannungsabschaltung, da der sichere Empfang immer wichtiger ist, als das ‚Wohlbefinden' des Akkus. Ein im Notfall tiefentladener Akku ist weit weniger schlimm, als der Verlust des ganzen Modells!

Bei den Energieinhalten ist die Spanne größer als bei den Senderakkus. Es gibt ja auch ganz unterschiedliche Modelle, ganz kleine Segelflugzeuge oder auch grosse RC-Cars mit Verbrennungsmotoren, welche einen Steuerservo mit hohem Energieverbrauch benötigen. Auf dem Markt sind Akkus mit Spannungen zwischen 4,8 V bis 7,4 V und Ladekapazitäten zwischen etwa 600 mAh und etwa 5.000 mAh zu finden. Um die maximale Betriebsdauer zu berechnen, soll folgendes Beispiel dienen:

Beispiel 1:
Ein kleines Segelflugzeug hat einen Empfängerakku mit einer Ladungskapazität von 1.600 mAh. Beim Empfänger und den Servos fließt im Mittel ein Strom von 1,0 A. Es soll die maximale Betriebsdauer berechnet werden.
Die maximale Betriebsdauer berechnet sich zu:

1.600 mAh / 1,0 A = 1,6 Ah / 1,0 A = 1,6 h = 96 Min.

2.5.4 4,8 V bis 7,4 V als Versorgungsspannung

Ursprünglich wurden die Empfänger mit vier NiMH-Zellen, oder vier mittlerweile nicht mehr eingesetzten NiCd-Zellen (Nickel-Cadmium) versorgt. Da diese eine Spannung von etwa 1,2 V aufwiesen, wurden auch die Servos oder andere Komponenten auf diese 4 × 1,2 V = 4,8 V ausgelegt. Heute werden jedoch oft auch fünf NiMH-Zellen oder wie be-

Bild 17:
LiPo und LiFePO, zwei moderne Empfängerakkus.

reits beschrieben andere Akkutypen eingesetzt. Die LiPo-Akkus haben eine Spannung von etwa 3,7 V, was bei zwei Zellen in Serie eine Spannung von 7,4 V ergibt. Die LiFePO weisen pro Zelle eine etwas kleinere Spannung auf als die LiPo-Zellen, zwei davon in Serie ergeben etwa 6,6 V. Bild 17 zeigt die beiden Energieträger.

Der Trend zu etwas höheren Versorgungsspannungen kommt auch den steigenden Anforderungen bei den heute immer größer werdenden Modellen entgegen. Deren Servos und andere Peripherie benötigen nämlich mehr Leistung. Will man nach dem physikalischen Gesetz: Leistung = Spannung × Strom, die Ströme nicht zu hoch werden lassen, führt das eben zwangsläufig zu höheren Spannungen. Grundsätzlich sind die älteren Servos und die Peripherie ja kompatibel zu den heutigen Fernsteuerungen, sie werden ja alle mit dem PWM-Signal in Bild 5 angesteuert. Ob sie jedoch mit den höheren Spannungen arbeiten können, ist nicht garantiert. Wer also beim Einsatz von zwei Zellen LiPo oder LiFePO ganz sicher gehen möchte, sollte auch für die höheren Spannungen ausgelegte Servos und Motorregler einsetzen.

2.6 Weitere Peripherie

Bei diesem Kapitel müsste man alles erwähnen, was man wie die Servos und Motorregler beim Empfänger einstecken kann und mit dem Sender entsprechend steuert. Die heute eingesetzte Mikroprozessortechnologie setzt dabei fast keine Grenzen, seien es bildverarbeitende Systeme, welche es einem Hubschrauber erlauben, aufgrund der Bodenbeschaffenheit an einer Stelle zu schweben, oder mit der Fernsteuerung zuschaltbare GPS-Funktionen, welche es einem Quadrokopter erlauben, bestimmte Positionen selbstständig anzufliegen oder auch die Ansteuerung eines Ausziehfahrwerks bei einem Modellflugzeug.

Dies darf jedoch nicht mit der Telemetrie verwechselt werden, welcher später noch ein eigenes Kapitel gewidmet wird. Dort werden nur Daten vom Modell zum Sender übertragen, im Sinne eines Monitorings. Die hier beschriebene Peripherie ist jedoch Teil der Steuerung. Sie beeinflusst also direkt das Verhalten des Modells. In der Folge werden als Beispiele aus der ganzen Vielfalt der erhältlichen Peripheriegeräte nur der Gyro und das Nautik-Modul beschrieben.

2.6.1 Gyro

Der Gyro ist ein unverzichtbarer Zusatzsensor für die Stabilisierung von ganz verschiedenen Funktionen in fast allen Sparten des Modellbaus. Der Haupteinsatz ist jedoch auch heute noch die Stabilisierung des Heckrotors eines Hubschraubers. Heckrotoren werden verwendet, um das Drehmoment zu kompensieren, welches der Hauptrotor verursacht. Ohne sie würde sich der Hubschrauber unkontrolliert um seine Hochachse drehen. Um diese Drehung zu stabilisieren, wird der Gyro eingesetzt. Er misst die Drehgeschwindigkeit der Hochachse und weist dann den Servo, welcher die Heckrotorblätter verstellt an, diese mehr oder weniger anzustellen, damit sich eine kontrollierte Drehung nach dem Sendersignal ‚Gier' ergibt. Insbesondere bei der Mittelstellung des ‚Gier'-Knüppels soll sich der Hubschrauber gar nicht drehen. Der Gyro wird in der Praxis also zwischen den Empfänger und den Servo geschaltet. Oftmals belegt er auch noch einen zweiten Kanal. Mit diesem kann dann die Empfindlichkeit, also die Stärke seiner Wirkung noch eingestellt werden. Bei einfacheren Gyros wird die Empfindlichkeit über ein mit dem Schraubenzieher verstellbares Potentiometer direkt eingestellt.

2.6.2 Truck- und Nautik-Modul

Bei den größeren Schiffs- und Truckmodellen werden oftmals sehr viele Funktionen benötigt. Das können beispielsweise Funktionen in der Art von Beleuchtungen, Wasserpumpen oder Ankerausfahrvorichtungen sein. Diese müssen meistens nur ein- und ausgeschaltet werden können. Die Standardfernsteuerungen stellen jedoch oftmals weniger Kanäle zur Verfügung, als benötigt werden. Viele Hersteller von Fernsteuerungen bieten deshalb sogenannte Nautik-Module an. Diese ermöglichen es mithilfe einer speziellen Codierung, anstelle von einem Proportionalkanal mehrere Schaltkanäle zur Verfügung zu stellen. Die Nautik-Module bestehen aus einem Teil, welcher beim Sender eingesteckt wird und aus einem Teil, welcher wie die Servos und Motorregler beim Empfänger eingesteckt wird. Die Ausgänge können dann mit den einzuschaltenden Funktionen verbunden werden.

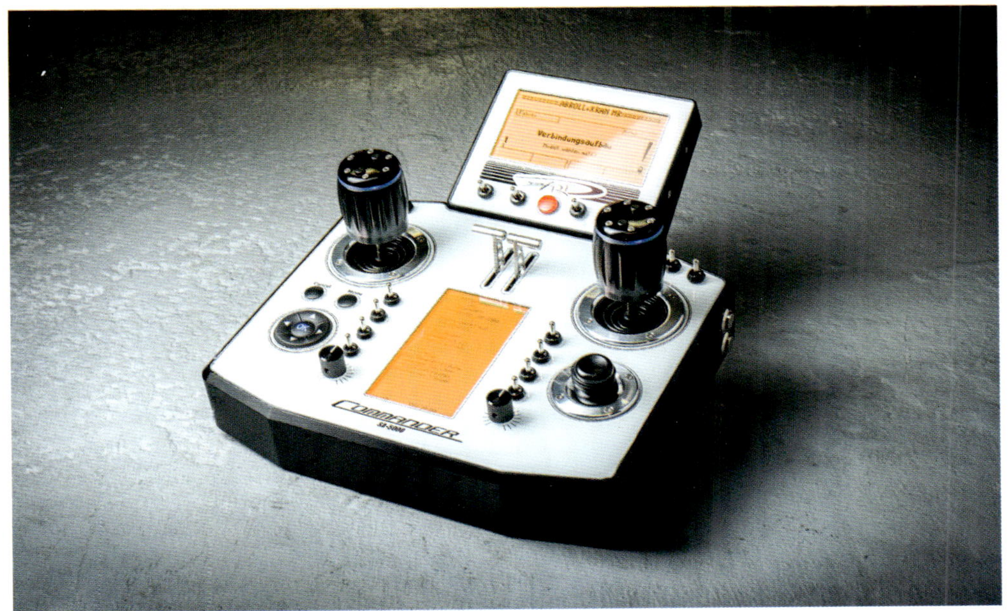

Beispiel eines Senders für Truck- und Schiffsmodelle, mit dem viele Zusatzfunktionen gesteuert werden können.

3. Eigenschaften der 2,4-GHz-Fernsteuerungen

In diesem Kapitel werden zuerst einige Grundlagen der drahtlosen Datenübertragung erarbeitet. Diese sind wichtig für das Verständnis der nächsten Kapitel 4, ‚Antennen und deren optimale Ausrichtung' sowie Kapitel 5, ‚Modulations- und Übertragungsarten'. Dabei werden zuerst elektromagnetische Wellen und deren grundsätzlichen Eigenschaften bezüglich der Reichweite behandelt. Die Reichweite ist alleine jedoch nicht sehr aussagekräftig, weil in der Praxis andere Dinge, wie die Nähe der Antennen zum Boden, Hindernisse, feuchte Luft oder die Bewegung des Modells selbst den sicheren Empfang ebenfalls beeinflussen. Um das Kapitel nicht zu trocken und theoretisch erscheinen zu lassen, werden nur ganz grundlegende Formeln verwendet. Außerdem werden sie immer mit konkreten Beispielen mit 2,4-GHz-Fernsteuerungen oder auch im Vergleich zu den MHz-Fernsteuerungen angewendet.

3.1 Drahtlose Übertragung mit elektromagnetischen Wellen

Eine elektromagnetische Welle, welche die Grundlage jeglicher drahtloser Übertragung von Steuerbefehlen darstellt, besteht eigentlich aus zwei Wellen. Wie es der Name schon erahnen lässt, ist sowohl ein elektrisches als auch ein magnetisches Feld beteiligt. Ein elektrisches Feld hat die Einheit ‚Volt pro Meter'. Wenn solche Felder mit der Frequenz die Polarität wechseln,

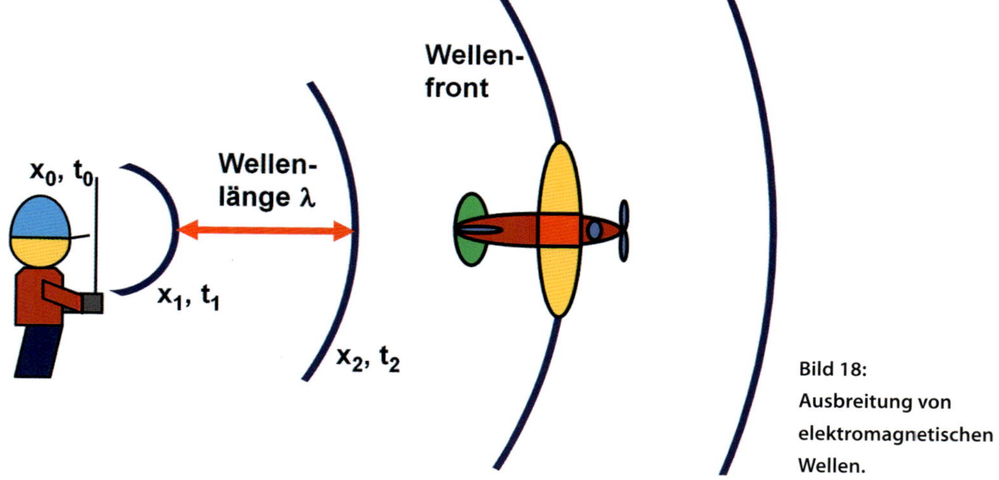

Bild 18: Ausbreitung von elektromagnetischen Wellen.

wie es hier der Fall ist, dann sind es elektrische Wechselfelder. Diese rufen wiederum magnetische Wechselfelder mit der Einheit ‚Ampère pro Meter' hervor und umgekehrt. Diese gegenseitige Wechselwirkung ist in ihrer Gesamtheit dann die elektromagnetische Welle. Ihre Ausbreitung wird oftmals wie in Bild 18 dargestellt. Wenn sie zum Zeitpunkt $t_0 = 0$ von der Antenne ausgesendet wird, breitet sie sich im Vakuum und in der Luft mit Lichtgeschwindigkeit aus. Nach der Zeit t_1 hat die Wellenfront bereits eine Entfernung x_1. Etwas später, nach t_2 hat sie eine solche von x_2. Die Entfernung x der Wellenfront berechnet sich allgemein mit $x = c \times t$. Dabei ist c die Lichtgeschwindigkeit von ungefähr 300.000 km/s.

Um die elektromagnetischen Wellen zu erzeugen, bedarf es eines Hochfrequenzgenerators. Dieser generiert auf der Antenne einen sinusförmigen Wechselstrom in der gewünschten Frequenz. Ein Sinus hat einen Minimalwert und einen Maximalwert. Wenn der jeweils nächste Maximalwert erreicht ist und ausgesendet wird, hat die letzte Wellenfront bereits wieder ein Stück Weg zurückgelegt. In Bild 18 stellen das die eingezeichneten Linien dar. Es stellt sich nun die Frage, wie groß denn der Abstand zwischen diesen Wellenfronten ist. Die Zeitabstände der Maxima einer Welle mit einer bestimmten Frequenz berechnen sich zu $t = 1 / f$, also beträgt der Abstand der Wellenfronten eingesetzt in die obige Formel $x = c / f$. Dieser Abstand wird auch Wellenlänge genannt und mit dem griechischen Symbol λ (Lambda) abgekürzt.

Als Vergleich kann hier ein Stein, welcher ins Wasser geworfen wird, dienen. Auch dort bilden sich Wellenfronten aus, welche sich zuerst kreisförmig vom Ort des eingetauchten Steines wegbewegen, um dann immer schwächer zu werden und schliesslich ganz zu verschwinden. Auch hier gibt es einen Abstand zwischen zwei Wellenfronten und zwischen den beiden Maxima kann bei genauer Betrachtung ebenfalls ein Minimum ausgemacht werden. Selbstverständlich breitet sich die Wasserwelle viel langsamer aus, sie ist eben keine elektromagnetische Welle.

Beispiel 2:
Für Fernsteuerungen mit 35 MHz und 2,4 GHz sollen jeweils die Wellenlängen λ berechnet werden. Für 35 MHz ergibt sich eine Wellenlänge von: (300.000.000 / 35.000.000) m = 8,57 m.
Für 2,4 GHz ergibt sich eine Wellenlänge von: (300.000.000 / 2.400.000.000) m = 0,125 m = 12,5 cm.

Da sich das Licht ja ebenfalls mit diesen fast unglaublichen 300.000 km/s ausdehnt, hat das zur mittlerweile bewiesenen Hypothese geführt, dass es sich auch dabei um eine elektromagnetische Welle handelt. Licht hat eine noch viel höhere Frequenz und eine Wellenlänge, welche im sichtbaren Bereich zwischen 380 nm und 750 nm liegt. Ein Nanometer (nm) ist ein Milliardstel eines Meters, also 0,000000001 m. Der Vergleich der GHz-Übertragung mit Licht ist für die Ausführungen später in Kapitel 3.4, bei den Eigenschaften der 2,4-GHz-Wellen noch wichtig, da die Wellenausbreitung des sichtbaren Lichts phänomenologisch für jedermann verständlich erklärt werden kann.

3.2 Reichweite und sicherer Empfang

Der empfangene Signalpegel nimmt mit zunehmendem Abstand ab. Diese zwar an sich schon plausible Aussage lässt sich am besten noch einmal mit Bild 18 erklären. Die Wellenfronten der sich ausbreitenden elektromagnetischen Welle werden dort mit Kreissegmenten illustriert. Da das im dreidimensionalen Raum vor sich geht, sind es eigentlich Kugelsegmente. Deren Mittelpunkt befindet sich bei der Antenne. In der Nähe der Senderantenne sind die Kugelsegmente nicht so groß, bildlich ist hier die Länge der

Striche gemeint. Mit zunehmendem Abstand werden diese Striche länger, da ja dann auch der Radius der Kugelsegmente größer wird.

Wenn sich die Welle in der Luft ausbreitet, dann erfährt sie fast keinen Energieverlust und im Vakuum würde sie gar keinen Energieverlust erfahren. Da jede Wellenfront dieselbe Energie transportiert, verteilt sich diese bei wachsendem Abstand zum Sender auf eine immer größer werdende Kugeloberfläche.

Die Empfangsantenne ist jedoch immer gleich groß, unabhängig von ihrem Abstand zum Sender. Somit kann sie bei wachsendem Abstand und größerer Kugeloberfläche nur einen immer kleiner werdenden Anteil der Energie einsammeln und der Empfangspegel wird deshalb schwächer.

Mit etwas Geometrie der Kugel findet man, dass sich der Empfangspegel im Verhältnis zum Abstand quadratisch abschwächt. Daraus ergibt sich folgender Merksatz:

Verdoppelt man dem Abstand zum Sender, reduziert sich der Pegel des Empfangssignals auf einen Viertel.

Dieser hat einen großen Einfluss auf die Reichweite. Sobald der Empfänger ein auch noch so kleines Nutzsignal identifiziert, kann er es entsprechend verstärken. Es gibt jedoch verschiedene Arten von elektromagnetischen Wellen, welche zusätzlich zu dem vom Sender abgestrahlten Nutzsignal vorkommen. Einerseits gibt es natürliche elektrische und magnetische Felder, welche von der Erde, aber auch von der Sonne und den Galaxien stammen. Deren Pegel sind nicht bei allen Frequenzen gleich groß, jedoch bei 2,4 GHz durchaus vorhanden. Des Weiteren gibt es auch Strahlungsquellen künstlicher Herkunft. Wie bereits zuvor besprochen, ist der Modellpilot auf dem 2,4-GHz-Band nicht allein, sondern es gibt immer weitere Benutzer. Das können beispielsweise auch andere Fernsteuerungen sein.

Ab einer gewissen Distanz zum Sender kann der Empfänger kein Nutzsignal mehr erkennen, weil dieses im Vergleich zu den Störungen oder dem Rauschen zu klein wird. Man nennt das in der Fachsprache auch einen zu kleinen ‚Signal-/Rausch-Abstand'.

3.2.1 Signalschwund bei sich bewegenden Modellen

Die Reichweite wird im obigen Merksatz bei freier Sicht und ohne Hindernisse berechnet. Sie wird bei den meisten gängigen Fernsteuerungen etwa mit mindestens 1 km bis 2 km angegeben. Das ist für die Anforderungen im Modellbau mehr als ausreichend. Sie ist jedoch eigentlich nur von theoretischem Interesse und deshalb für sich alleine zu wenig aussagekräftig, da in der Praxis noch andere Faktoren den sicheren Empfang beeinflussen. Viel wichtiger ist es deshalb, dass der Empfang innerhalb des praktischen Abstandes zwischen dem Sender bzw. Piloten und dem Empfänger bzw. Modell überall und vor allem zu jedem Zeitpunkt gewährleistet ist, auch unter der Berücksichtigung von Reflexionen am Boden, auf der Seeoberfläche oder an Hindernissen. Beides ist für den Modellbau sehr wichtig. Auto- und Schiffsmodelle sind ja immer nahe am Boden beziehungsweise auf dem Wasser und auch Modellflugzeuge und -Helikopter befinden sich mindestens bei der Landung, aber auch einmal während eines Tiefflugs in Bodennähe. Andererseits gehören Hindernisse wie Bäume oder Büsche für Flugzeuge oder auch eine unebene Bodenbeschaffenheit für Off-Road-Modelle zu den Normalbedingungen. Außerdem wechselt speziell bei Flugmodellen, welche alle Orientierungen einnehmen können, auch die später noch beschriebene Polarisationsebene ständig, da sich die Empfängerantenne mitdreht. Die Fernsteuerung muss aber in jedem dieser Fälle zuverlässig funktionieren. Da der Einfluss von all diesen Faktoren speziell bei den sich bewegenden Modellen sich ständig ändert, schwankt auch die Signalstärke beim Empfänger ständig. Dieser Effekt wird auch Signalschwund genannt. Der Empfänger muss dann außerdem die für die Auswertung nötige Verstärkung des Signals dauernd anpassen. Dadurch entstehen weitere Empfangsfehler, welche den sicheren Empfang beeinträchtigen. Außerdem muss ja immer ein minimales Empfangssignal vorhanden sein und unter Berücksichtigung aller Faktoren muss immer das schlechtest Mögliche als Maß angenommen werden. Für den sicheren Empfang gibt es einen weiteren Merksatz:

Für den sicheren Empfang ist die Reichweite nur einer von mehreren Faktoren. Bei sich bewegenden Modellen muss speziell auch auf den Signalschwund geachtet werden.

Die weiteren Kapitel, 3.3, 3.4 und 3.5 widmen sich deshalb den weiteren Faktoren für den sicheren Empfang und den Signalschwund.

3.3 Fresnel- Zone

3.3.1 Grundlagen

Zuerst stellt sich die Frage, wie viel ‚Luft' oder wie viel ‚Raum' denn überhaupt nötig ist, um ein Signal zuverlässig von einem Punkt zum anderen zu übermitteln. Ist da eine Sichtverbindung nötig, muss also der Sender den Empfänger sehen können, und wenn eine Sichtverbindung da ist, genügt es dann, wenn diese nur in einem schmalen Bereich um den Sender und Empfänger herum existiert? Diese Fragen können mit der ‚Fresnel-Zone' in Bild 19 erklärt werden.

Die Fresnel-Zone ist eine Ellipse, in deren Brennpunkten sich jeweils die Sender- und Empfängerantenne befinden. Die Fernsteuerung mit Stabantennen strahlt mit der vertikalen Ausrichtung im Bild in direkter Richtung zum Modell, also entlang der Linie d (für Distanz) mit der maximalen Feldstärke ab. Es existiert jedoch auch eine etwas schwächere Abstrahlung in Richtung der Linie a. Genauer wird das in Kapitel 4.2 ‚Antennendiagramm und Antennengewinn' beschrieben. Nimmt man einmal an, dass sich zufällig gerade ein Objekt, wie beispielswiese der Boden, genau am Rand dieser Fresnel-Zone befindet, wo die elektromagnetische Welle a auftritt, dann wird sie bei richtiger Topografie in Richtung des Modells reflektiert. Die Welle, welche die Distanz a+b zurücklegen muss, hat bis zum Modell einen längeren Weg als die Welle, welche nur d zurücklegen muss. Die Fresnel-Zone ist jetzt so definiert, dass an jedem Randpunkt der Zone gilt: $a+b - d = \lambda/2$, oder in Worten ausgedruckt: die am Rand reflektierte Welle muss bis zum Modell die halbe Wellenlänge mehr zurücklegen, als die Welle, welche direkt vom Sender zum Empfänger geht.

Da aber dann die Wellenfront, oder das Maximum der direkten Welle gerade zusammen mit dem Minimum der reflektierten Welle beim Empfänger eintrifft, wird diese geschwächt. In

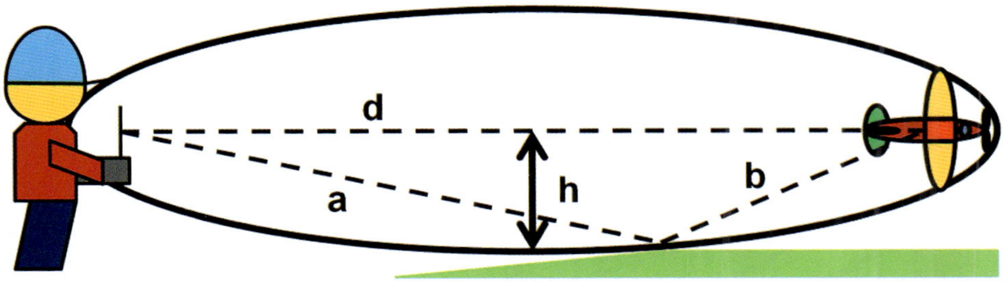

Bild 19: Fresnel-Zone

der Fachsprache nennt man diesen Effekt auch ‚Auslöschung' oder ‚Destruktive Interferenz'. Grundsätzlich bewirkt jede Welle, welche innerhalb der Fresnel-Zone reflektiert wird, beim Modell eine größere oder kleinere Abschwächung der direkten Welle. Somit lässt sich folgender Merksatz herleiten:

Wenn die Fresnel-Zone frei ist von Hindernissen und auch der Boden nicht in den Weg kommt, dann ist der sichere Empfang innerhalb der angegebenen Reichweite der Fernsteuerung gewährleistet.

Nun stellt sich jedoch sofort die Frage, wie ‚breit' denn die Fresnel-Zone ist. Mit einigen geometrischen Überlegungen lässt sich dazu eine Formel für die maximale Höhe h, welche gemäss Bild 19 genau zwischen dem Sender und Empfänger auftritt, finden. Dazu soll folgendes kleines Beispiel durchgerechnet werden:

$$h = \sqrt{\frac{d \cdot \lambda}{4}}$$

Beispiel 3:
Für eine 2,4-GHz-Fernsteuerung soll die maximale Höhe h der Fresnel-Zone für einige typische Abstände zwischen Sender und Empfänger, 50 m, 100 m, 200 m und 500 m, gefunden werden. Außerdem soll für diese Abstände auch ein Vergleich mit einer 35-MHz-Fernsteuerung durchgeführt werden. Wie die Berechnung von Beispiel 2 zeigt, ist die Wellenlänge λ = 12,5 cm für 2,4 GHz bzw. λ = 8,57 m für 35 MHz. Die obige Formel liefert die in Tabelle 1 zusammengestellten Resultate für h:

Tabelle 1: Höhe h der Fresnel-Zone für verschiedene Abstände bei 2,4 GHz bzw. 35 MHz

	50 m Abstand	100 m Abstand	200 m Abstand	500 m Abstand
2,4 GHz	h = 1,25 m	h = 1,76 m	h = 2,5 m	h = 3,95 m
35 MHz	h = 10,4 m	h = 14,6 m	h = 20 m	h = 32,7 m

Grundsätzlich zeigt es sich, dass die Fresnel-Zone bei den 2,4-GHz-Fernsteuerungen viel kleiner ist, als es bei den 35-MHz-Steuerungen der Fall war. Selbstverständlich ist das Verhalten bei 27 MHz oder 40 MHz ähnlich wie bei 35 MHz. Würde man als Vergleich noch Licht anfügen, welches ja ebenfalls eine elektromagnetische Welle ist, dann wäre die Höhe h der Fresnel-Zone für die obigen Abstände noch ein paar Millimeter.

Da man sich das Verhalten von Licht einfach besser vorstellen kann als dasjenige der unsichtbaren 2,4-GHz-Wellen, soll an dieser Stelle ein kleines Gedankenexperiment folgen: In der Dunkelheit wird eine Lampe mit den Abständen aus Tabelle 1 als Lichtpunkt wahrgenommen. Dabei spielt es keine Rolle, ob man für die Betrachtung den ganzen freien Raum ausnützt, oder ob man die Lampe durch eine dünne Röhre betrachtet, welche nur wenig größer ist als der Lichtpunkt. Das geht nur deshalb, weil die Höhe h der Fresnel-Zone eben sehr klein ist.

3.3.2 Fresnel-Zone im praktischen Modellbau

Es stellt sich die Frage, was das grundsätzlich für die Praxis des Modellbauers heißt. Dazu soll

▼ **Bild 20: Fresnel-Zone für einen RC-Car.**

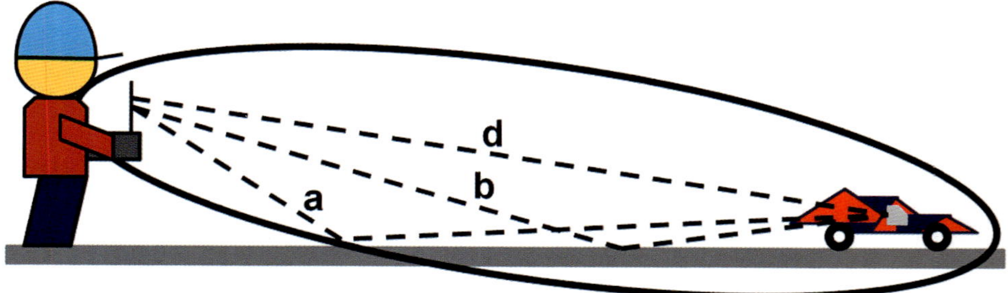

Bild 20 für ein Auto-Modell als Beispiel dienen. Die Verhältnisse für Schiffsmodelle sind ähnlich, auch Wasser reflektiert die 2,4-GHz-Wellen gut, die ‚Rauheit' der Wasseroberfläche führt aber zusätzlich zu Streuungseffekten.

Die Wellen a und b werden hier beide innerhalb der Fresnel-Zone reflektiert und tragen wegen obiger Ausführungen beide zur Verschlechterung der Empfangsqualität bei. Um das Empfangssignal bei einer Störung zu verbessern, muss man darauf achten, dass der Boden möglichst wenig in die Zone hineinragt. Je kleiner der Abstand zwischen Sender und Modell ist, desto kleiner ist nach Tabelle 1 auch h und desto weniger stört der Boden die Fresnel-Zone. Des Weiteren helfen hier einerseits ein erhöhter Standort der Modellpiloten oder auch eine erhöhte Antennenmontage beim Empfänger.

Bei Modellflugzeugen oder -Helikoptern hieß es früher bei den 35-MHz-Anlagen oftmals, in Bodennähe sei Vorsicht in Hinblick auf einen sicheren Empfang geboten. Die heutigen 2,4-GHz-Steuerungen sind jedoch in dieser Hinsicht etwas weniger anfällig. Dazu soll Bild 22 betrachtet werden.

Diskutiert man noch einmal die Werte der Tabelle 1 für 2,4 GHz, so lässt sich grundsätzlich sagen, dass bei Flugmodellen von der Landung einmal abgesehen, eher weniger Hindernisse in die Fresnel-Zone hineinragen, als bei Car- oder Schiffsmodellen. Bei einem Modellhubschrauber, welcher sich in einem Abstand von 50 m zum Sender befindet, beträgt die Höhe h nach der Tabelle 1,25 m. Auf dieser Höhe trägt der Pilot mit einer durchschnittlichen Körpergröße gerade etwa den Sender. Fliegt der Hubschrauber ebenfalls mit mindestens diesem Bodenabstand, ist die Fresnel-Zone hindernisfrei und der sichere Empfang ist gewährleistet. Wenn der Pilot eines Modellflugzeugs einen Tiefflug im Abstand von 100 m

Bild 21: RC-Car-Rennen; Die erhöhte Stehposition der Piloten hilft nicht nur der Sicht, sondern sorgt beim Modell auch für einen besseren Empfang.

▼ Bild 22: Fresnel-Zone bei einem Modellflugzeug.

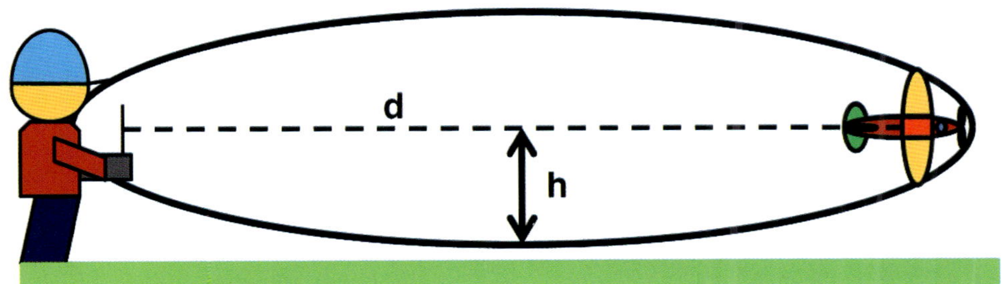

Bild 23: Büsche in der Fresnel-Zone.

durchführt, dann ist die Fresnel-Zone ebenfalls hindernisfrei, wenn der Bodenabstand nach der Tabelle mindestens 1,76 m beträgt.

Bild 23 zeigt einen weiteren Praxisfall mit Sträuchern und Büschen in der Topografie. Generell lässt sich sagen, dass auch das keine größeren Störungen hervorruft, wenn die Sicht zum Modell frei ist und noch etwas Luft zwischen den Büschen und dem Modell vorhanden ist. Man muss sich auch hier vorstellen, dass die Fresnel-Zone bei einem Abstand von 200 m nur eine Höhe h von 2,5 m aufweist. Etwas kritischer ist jedoch der Fall, bei welchem Sträuche oder Bäume hinterflogen werden. In diesen Fällen befinden sich klar Hindernisse in der Fresnel-Zone. Ein kritischer Fall ist es ebenfalls, wenn eine Person nahe beim Sender zwischen Pilot und Modell vorbeigeht oder dort stehen bleibt. Das ergibt dann einen Funkschatten, welcher gleich im nächsten Kapitel 3.4 beschrieben wird.

3.3.3 Genügend Reserve

In der Praxis ist es jedoch nicht nötig, dass die Fresnel-Zone in jedem Falle frei von Hindernissen ist und die Topografie nicht hineinragen darf. Die Sender strahlen mit einer genügend hohen Leistung, so dass noch einige Reserven vorhanden sind. Die obigen Ausführungen sind jedoch einfach so zu verstehen, dass solche Hindernisse oder Teile der Topografie innerhalb der Fresnel-Zone als eine mögliche Ursache für schlechten Empfang oder Empfangsstörungen in Frage kommen. Im Kapitel 4.6 wird das durch Empfangsmessungen mit einer realen Fernsteuerung bestätigt.

3.4 Funkschatten

Wenn eine elektromagnetische Welle auf ein Hindernis trifft, dann ergibt sich dahinter ein Funkschatten oder ein Funkloch. Zuvor wurde bereits beschrieben, dass Lichtwellen ebenfalls elektromagnetische Wellen sind und sich ähnlich verhalten, wie die 2,4-GHz-Wellen. Noch einmal sollen hier die Wellenlängen miteinander verglichen werden:

35 MHz ergibt eine Wellenlänge $\lambda = 8{,}57$ m, 2,4 GHz ergibt $\lambda = 12{,}5$ cm und sichtbares Licht ergibt etwa $\lambda = 380$ bis 750 nm. Aber zum sichtbaren Licht und dessen Verhalten verfügt jeder sehende Mensch im täglichen Leben über eine umfangreiche Praxiserfahrung. Beispielsweise weiß jeder, dass es einen Schatten gibt, wenn Licht auf ein Objekt fällt.

Es stellt sich also die Frage, was für ein Vergleich denn mit den viel längeren Wellen einer MHz-Fernsteuerung angestellt werden könn-

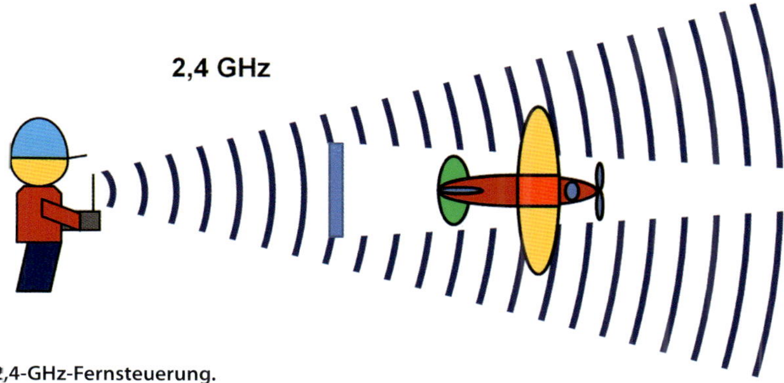

Bild 24:
Abschattung mit einer 2,4-GHz-Fernsteuerung.

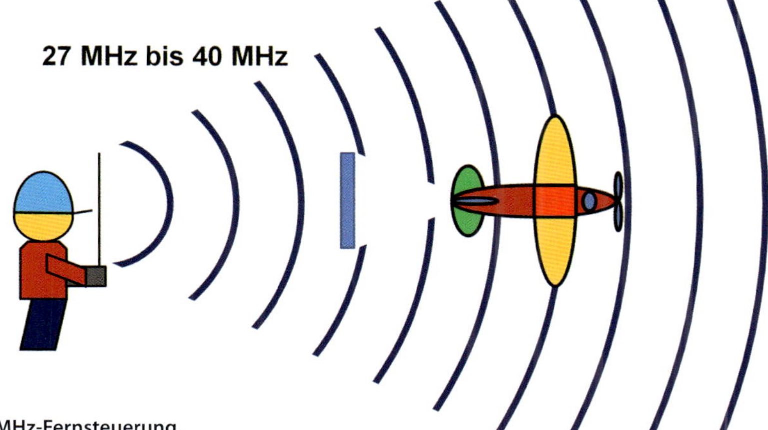

Bild 25:
Abschattung mit einer MHz-Fernsteuerung.

te. Es kommt als Vergleich das Verhalten von Wasser in Frage. Es handelt sich dabei selbstverständlich nicht um eine elektromagnetische Welle, aber es ist auch etwas, das der Mensch mit seinen Sinnen erfassen kann. Stellt man sich vor, dass Wasser einem Bach hinunterfließt und dabei auf einen Stein als Hindernis trifft, dann umschließt es diese Lücke sofort unterhalb dieses Steines.

Die Verhaltensweisen der unsichtbaren MHz-Wellen und der 2,4-GHz-Wellen sind bildlich gesehen zwischen Wasser und Licht angesiedelt. Man kann jedoch so argumentieren, dass sich die MHz-Wellen eher ähnlich zum Wasser verhalten und die 2,4-GHz-Wellen eher ähnlich zum Licht. Was das in der Praxis für den Modellbauer bedeutet, zeigen die Bilder 24 und 25.

Die beiden Bilder haben nur symbolischen Charakter, da an den Hindernissen in Wahrheit noch andere Effekte (Stichwort Beugung) auftreten, welche hier nicht behandelt werden. Das grundsätzliche Verhalten kann jedoch gut aufgezeigt werden. Die Darstellung in Bild 24, welche die 2,4-GHz-Wellen beschreibt, wirft einen relativ langen Funkschatten, eben ähnlich wie derjenige welcher entsteht, wenn Licht auf das Hindernis trifft. Die Darstellung in Bild 25 beschreibt das Verhalten der MHz-Wellen. Wasser würde als Vergleich die Lücke unmittelbar hinter dem Hindernis wieder schließen. Die MHz-Wellen tun dies nicht ganz unmittelbar, jedoch ist der Funkschatten deutlich kleiner als bei den 2,4-GHz-Wellen.

Zusammengefasst kann also beim Vergleich der 2,4-GHz- zu den MHz-Wellen gesagt werden, dass sich die 2,4-GHz-Wellen bezüglich durch Hindernisse hervorgerufene Funkschatten etwas nachteilig verhalten, bezüglich der Reflexionen in Bodennähe jedoch einen Vorteil aufweisen, weil die Höhe der Fresnel-Zone kleiner ist.

3.4.1 Faustregel Sichtkontakt

Da ein Sichtkontakt zu einem Modell durch an diesem reflektierte Lichtwellen entsteht, lautet eine praxistaugliche Faustregel:

Besteht zu einem Modell und dessen Antenne Sichtkontakt, ist der sichere Empfang in der angegebenen Reichweite grundsätzlich gewährleistet, da die GHz- und die Licht-Wellen einander ähnlich sind. Vorsicht ist immer bei Hindernissen zwischen dem Sender bzw. dem Piloten und dem Empfänger bzw. dem Modell geboten. Ähnlich, wie der Pilot das Modell hinter den Hindernissen nicht sehen kann, kann auch der Empfänger die Signale nur schlecht ‚sehen'. Es entsteht ein Funkschatten.

3.5 Luftfeuchtigkeit, Wasser, Materialdurchdringung

3.5.1 Signalabschwächung bei Feuchtigkeit

Die in fast allen Küchen stehenden Mikrowellenherde strahlen elektromagnetische Wellen ab, welche ebenfalls im GHz-Frequenzbereich liegen. Das Essen besteht zu einem großen Teil aus Wasser. Die Mikrowellen (GHz-Wellen) können nur einige Zentimeter in das Gargut eindringen, bis deren gesamte Energie absorbiert ist. Das führt dann zur gewünschten Erwärmung.

Was im obigen Fall für ein warmes Essen dienlich ist, ist bei 2,4-GHz-Fernsteuerungen jedoch gänzlich unerwünscht. An Tagen mit hoher Luftfeuchtigkeit oder bei Regen können die winzigen Wassertröpfchen in der Luft die vom Sender abgestrahlten Wellen ebenfalls absorbieren. Dieser Effekt ist jedoch gering. Problematischer wird es, wenn sich durch die Feuchtigkeit ein Wasserfilm auf der Antenne ausbildet. Dies führt zu einer merklichen Signalabschwächung.

3.5.2 Modell-U-Boote

Es gibt deshalb auch eine einzige Modellbausparte, bei welcher sich die 2,4-GHz-Technologie niemals durchsetzen wird, trotz ihres großen Vorteils gegenüber den MHz-Fernsteuerungen, keine Kanäle absprechen zu müssen. Bei der Fernsteuerung von U-Booten müssen die elektromagnetischen Wellen das Wasser durchdringen. Wellen im GHz-Bereich können dies eben nur über eine Distanz von wenigen Zentimetern, die Welle ist also vollständig absorbiert, bevor sie beim Empfänger ankommt. Der U-Boot-Modellbauer muss also entweder dafür sorgen, dass der obere Teil der Antenne immer aus dem Wasser ragt, oder bei der MHz-Technologie bleiben. Die MHz-Wellen werden zwar vom Wasser ebenfalls stark absorbiert, können darin jedoch immerhin mehrere Meter bis zum Empfänger zurücklegen.

3.5.3 Materialdurchdringung

Bisher wurde nur von Signalschatten gesprochen und es wurde der Vergleich der 2,4-GHz-Wellen mit Licht gemacht. Dieser Vergleich hat jedoch speziell bei der Durchdringung von festen Materialien auch einige Einschränkungen, da die Lichtwellen eben viel kürzer sind. Modelle mit geschlossenen Rümpfen lassen ja überhaupt kein Licht durch. In deren Inneren ist es deshalb immer dunkel. Die etwas langwelligeren 2,4-GHz-Wellen haben hier ebenso ihre Tücken, jedoch nicht ganz so extrem wie das Licht. Ein Holzrumpf dämpft die 2,4-GHz-Wellen in der Theorie zwar stärker als die MHz-Wellen, aber auch die häufig eingesetzten GFK-Rümpfe (Glasfaserverstärkter Kunststoff) besitzen eine starke Dämpfung. In der Praxis ist die Dämpfung bei diesen Materialien jedoch verkraftbar. Besonderes Augenmerk muss man bei den CFK-Materialien (Kohlefaserverstärkter Kunststoff) oder gar Carbon auf deren besonders hohe Dämpfung haben. Diese Materialien verursachen bereits bei den MHz-Wellen Empfangsprobleme. Ganz problematisch wird es bei den 2,4-GHz-Wellen. Die Materialdurchdringung ist dort sehr schlecht. Der richtigen Lage und dem Einbau der Antenne muss deshalb viel mehr Aufmerksamkeit geschenkt werden, als bei den langen MHz-Antennenkabeln. Es sollte mindestens eine Antenne an der Außenseite des Modells verlegt werden. In Kapitel 8 ‚Einbau und Inbetriebnahme' werden einige Beispiele besprochen.

Die Länge der Antenne ist so ausgelegt, dass sie freistehend den besten Empfang gewährleistet. Wenn sie sich in der Nähe von Materialien befindet, welche die Signale stark dämpfen oder auch wenn sie im Modell in der Nähe von Kupferleitungen verlegt wird, ist es auch möglich, dass sie elektrisch verstimmt wird. Das hat dann ebenfalls zur Folge, dass die Empfangssignale schwächer werden.

3.5.4 Erkenntnisse in Kurzform

Am Schluss dieses Kapitels sollen die wichtigsten Erkenntnisse noch einmal in Kurzform dargestellt werden:

Elektromagnetische Wellen stellen die Grundlage jeder drahtlosen Kommunikation dar, so also auch diejenigen der 2,4-GHz-Fernsteuerungen. Sie breiten sich mit Lichtgeschwindigkeit aus. Bei einer Verdoppelung des Abstandes zwischen Sender und Empfänger, reduziert sich der Pegel des Empfangssignals auf ein Viertel.

Für den sicheren Empfang ist die Reichweite nur einer von mehreren Faktoren. Es muss speziell auch auf den Signalschwund bei sich bewegenden Modellen geachtet werden.

Die Fresnel-Zone ist ein Ellipsoid, in dessen Brennpunkten je die Sender- und Empfängerantenne stehen. Um eine Abschwächung des Empfangssignals aufgrund von Reflexionen zu vermeiden, sollte die Fresnel-Zone möglichst frei von Hindernissen sein. Auch der Boden sollte nicht zu stark in diese hineinragen.

Die 2,4-GHz-Übertragung ist ähnlich zu dem Verhalten von Licht. Hinter einem Hindernis entsteht ein Funkschatten. Besteht zu einem Modell und dessen Antenne Sichtkontakt, ist der sichere Empfang in der angegebenen Reichweite deshalb grundsätzlich gewährleistet.

Wasser absorbiert die 2,4-GHz-Wellen stärker als die MHz Wellen. Auch die Durchdringung von festen Materialien ist bei 2,4 GHz schlechter. Das sollte speziell beim Einbau der Antenne berücksichtigt werden.

4. Antennen und deren optimale Ausrichtung

In diesem Kapitel werden zuerst einige generelle Überlegungen zu Antennen gemacht. Dazu gehören deren Länge und auch die Polarisation von elektromagnetischen Wellen. Des Weiteren wird auch auf die Strahlungsrichtung eingegangen, welche sich mit Antennendiagrammen beschreiben lässt. Die Kapitel 4.3 und 4.4 behandeln dann konkrete Antennen für 2,4 GHz und deren optimale Ausrichtung. In Kapitel 3 wurde bereits berechnet, dass die Wellenlänge der GHz-Fernsteuerungen viel kleiner ist als diejenige der MHz-Fernsteuerungen. Grundsätzlich sind die GHz-Antennen viel kürzer als die MHz-Antennen. Dieser Eigenschaft liegt die Tatsache zu Grunde, dass die Antennenlänge für eine optimale Funktion in der gleichen Größenordnung wie die Wellenlänge liegen muss.

Antennen basieren grundsätzlich auf dem so genannten Halbwellendipol ($\lambda/2$-Dipol) nach Bild 26. Das Hochfrequenzsignal wird in der Mitte von zwei $\lambda/4$-Stäben eingespeist. Die Länge eines $\lambda/2$-Dipols ist für eine 2,4-GHz-Fernsteuerung nach der Berechnung in Beispiel 1 also 12,5 cm / 2 = 6,25 cm. Manchmal wird auch nur mit $\lambda/4$ (= 3,1 cm) langen Antennen gearbeitet, es wird also einfach eine Hälfte des Dipols weggelassen. Als elektrisches Gegengewicht dient dann die Person, die den Sender in der Hand hält. Diese Antennen werden Monopol-Antennen genannt. Die praktisch eingesetzten Stabantennen sind jedoch länger, da bei ihnen oftmals mehrere Antennen hintereinander angeordnet werden.

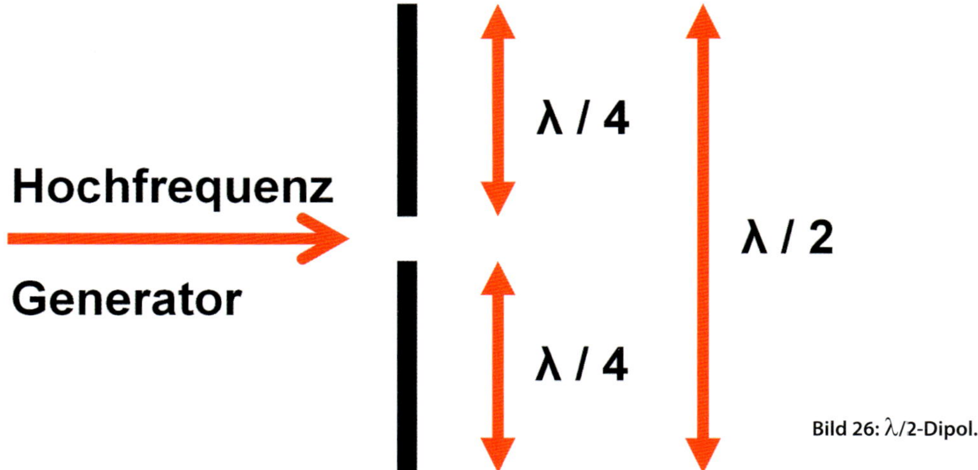

Bild 26: $\lambda/2$-Dipol.

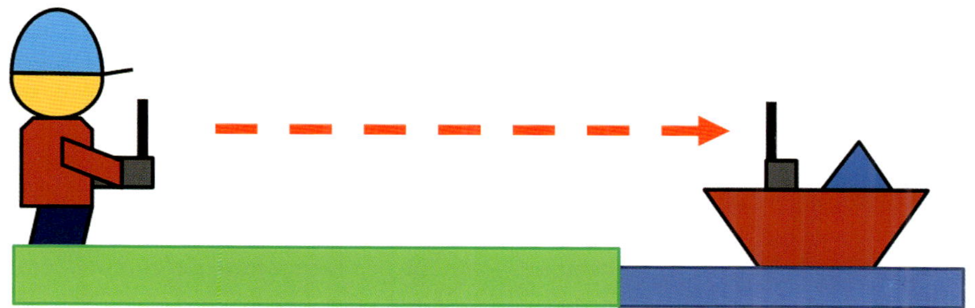

Bild 27: Vertikale Polarisation von Sender- und Empfangsantenne.

4.1 Polarisation

Elektromagnetische Wellen sind polarisiert. Das ist sehr wichtig für das Verständnis, wie die Sender- und Empfängerantenne zueinander ausgerichtet werden müssen. Das Kapitel 4.3, in welchem die sinnvolle Antennenausrichtung anhand von Praxisbeispielen erklärt wird, beruht auf der Polarisation und dem Antennendiagramm, welches im nächsten Kapitel behandelt wird. Bild 27 zeigt schematisch die optimale Antennenausrichtung zwischen einem Sender mit einer Stabantenne und einem Empfänger.

Die beiden Antennen müssen für einen optimalen Empfang dieselbe Orientierung aufweisen. Hier wird die vertikale Polarisation aufgezeigt. Als kleine Eselsbrücke, damit vertikal nicht mit horizontal verwechselt wird, soll die Tatsache dienen, dass die Polarisationsrichtung immer mit der Ausrichtung der Stabantenne übereinstimmt. Die Abstrahlung ist in der Richtung des gestrichelten Pfeiles maximal, in Bild 27 also in horizontaler Richtung. In die Richtung der Antenne selbst ist sie hingegen minimal. Im Optimalfall befindet sich der Empfänger ebenfalls auf dieser Höhe irgendwo rund um die Antenne herum. Als kleine Ausnahme sollte der Empfänger in Bild 27 sich jedoch nicht hinter dem Modellkapitän befinden, da er mit seinem Körper einen Funkschatten verursacht, was wiederum den Empfang verschlechtert. Damit die Empfangsantenne einen möglichst guten Empfang hat, sollte sie ebenfalls senkrecht nach oben oder nach unten zeigen. Als weitere Illustration für die Polarisierung soll das Radio dienen. Radiowellen werden vorwiegend auf dem Ultra-Kurzwellen-Band (UKW) von etwa 87 bis 108 MHz gesendet. Das Wort ‚Ultra Kurzwellen' stammt noch aus einer Zeit, in welcher diese Frequenzen zu den höchsten realisierbaren und deren Wellenlängen damit zu den kürzesten überhaupt gehörten. Damals konnte man von der Realisierung von Funkwellen im GHz-Bereich aus technischen Gründen nur träumen. Die Wellenlänge des UKW-Rundfunkbereiches beträgt etwa 3 m, sie ist also viel größer als diejenige der 2,4-GHz-Technologie. Die für das Autoradio verwendeten Stabantennen haben eine vertikale Position und sind damit vertikal polarisiert. Infolgedessen muss auch der Sender die Wellen vertikal polarisiert aussenden. Die heutigen in die Scheiben integrierten Antennen müssen selbstverständlich auch so ausgeführt sein, dass sie diese vertikal polarisierten Wellen empfangen können.

4.2 Antennendiagramm und Antennengewinn

4.2.1 Antennendiagramm

Das Antennendiagramm stellt eine weitere wichtige Grundlage für das nächste Kapitel 4.3 dar. Für dessen Erklärung soll die vertikale Polarisation beibehalten werden. Im letzten Kapitel steht die Aussage, dass bei einer Stabantenne mit vertikaler Polarisation die Abstrahlung in horizontaler Richtung maximal ist. In vertikaler Richtung, in Richtung der Polarisation also, ist die Abstrahlung minimal. Die genaue Verteilung von maximaler Strahlung bis hin zu gar keiner Strahlung wird mit dem Diagramm nach Bild 28 dargestellt. Ein anderer Begriff dafür ist auch ‚Strahlungsdiagramm' oder ‚Antennenkeule'. Die zusätzlich eingezeichneten Pfeile zeigen die Abstrahlung am besten. Die Pfeile sind in horizontaler Richtung am längsten, somit ist die Abstrahlung dorthin maximal. Befindet sich das Modell in dieser Richtung, zeigt es die besten Empfangseigenschaften. Es muss dazu erwähnt werden, dass es sich hierbei um das Antennendiagramm eines Halbwellendipols (λ/2-Dipols) handelt. Es wird also angenommen, dass das Signal nach Bild 26 in der Mitte der Antenne eingespeist wird. Wäre nur ein λ/4-Monopol vorhanden, wäre das Antennendiagramm unten flach. Denkt man sich in diesem Fall wieder die Pfeile, so wären sie nach unten also sehr kurz.

Wegen des Funkschattens durch den Menschen ist die Antennenkeule in der Praxis nach hinten kleiner als nach vorne. Der im Bild dargestellte Fall mit gleich großen Keulen nach vorne und nach hinten würde also eigentlich nur dann eintreten, wenn die Antenne völlig frei im Raum stünde. Da sich das fernzusteuernde Modell jedoch meistens vorne befindet, ist die Abstrahlung nach hinten nicht so wichtig. Die flache Darstellung im Bild kann den wahren dreidimensionalen Verhältnissen leider nicht gerecht werden. Man muss sich das eigentlich so vorstellen, dass sich die grüne Fläche rings um die Antenne herum fortsetzt, also in Wahrheit die Form eines Donuts oder eines Schwimmrings besitzt. Genauso, wie die Antenne nach vorne oder nach hinten abstrahlt, strahlt sie auch zur Seite, also nach rechts oder nach links.

4.2.2 Antennengewinn

Der Begriff ‚Antennengewinn' ist speziell im Vergleich zwischen den verschiedenen eingesetzten Antennen wichtig. Auch zwischen den MHz- und 2,4-GHz-Fernsteuerungen gibt es hier Unterschiede. Um ihn jedoch treffend erklären zu können, muss an dieser Stelle etwas weiter ausgeholt werden.

Eine Art theoretische Antenne ist der so genannte isotrope Strahler nach Bild 29. Theoretisch heißt auch, dass eine solche Antenne in der Praxis nicht gebaut werden kann, sondern nur zu Vergleichszwecken mit richtigen Antennen herangezogen wird. Es handelt sich dabei um eine punktförmige Antenne, von welcher man annimmt, dass sie eine bestimmte Sen-

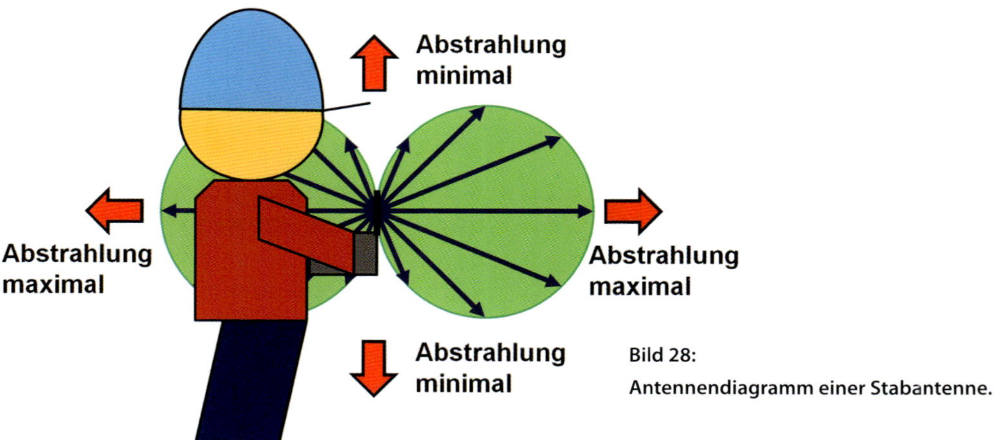

Bild 28:
Antennendiagramm einer Stabantenne.

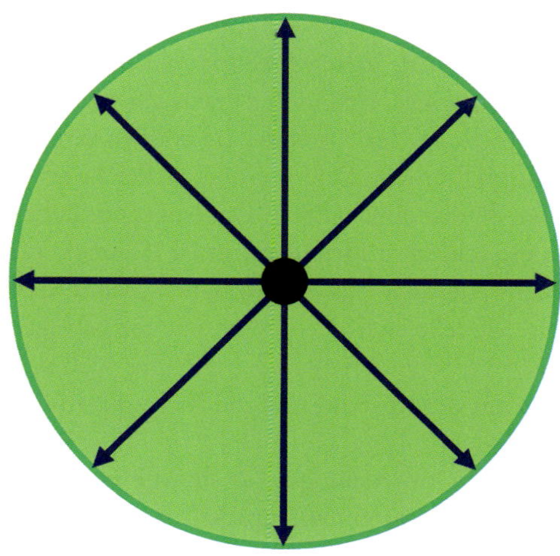

Bild 29:
Antennendiagramm eines isotropen Strahlers.

deleistung aufweist. Das Strahlungsdiagramm ist eine Kugel, da eine punktförmige Antenne nach allen Richtungen gleichmäßig abstrahlt. Bei der Stabantenne mit der vertikalen Ausrichtung von Bild 28 ist die Abstrahlung wie oben besprochen in horizontaler Richtung maximal. Diese Antenne hat also eine Hauptrichtung, in dieser strahlt sie besser ab als in alle anderen Richtungen. Der isotrope Strahler hat im Gegensatz dazu keine Hauptrichtung, in welcher er besser abstrahlt. Der Empfänger könnte also nicht nur in horizontaler Richtung, sondern überall stehen, und würde in derselben Entfernung auch überall dasselbe und gleich starke Signal empfangen.

Um einen Vergleich zwischen einer Stabantenne und einem isotropen Strahler bezüglich der Stärke des empfangenen Signales anzustellen, wird zunächst vorausgesetzt, dass beide Senderantennen mit den Abstrahlcharakteristiken aus den Bildern 28 und 29 insgesamt mit derselben Leistung abstrahlen. Dann ist es logisch, dass ein Empfänger, welchen man in der horizontalen Richtung rund um die Stabantenne platziert, ein stärkeres und damit auch weniger störanfälligeres Signal empfangen muss, als wenn dieses von einem isotropen Strahler ausgesendet wurde. Diesen Vorteil erkauft man sich schließlich mit der Tatsache, dass der Empfänger gar keinen Empfang mehr hätte, wenn er über oder in Richtung der Stabantenne platziert würde, weil dort die Abstrahlung der Sendeantenne minimal ist.

Das Verhältnis zwischen der Stärke des empfangenen Signals, welches von der Stabantenne in der Richtung mit der maximalen Abstrahlung stammt, und der Stärke des empfangenen Signales, welches von einem isotropen Strahler kommt, wird Antennengewinn genannt. Dabei wird weiter vorausgesetzt, dass sich die Empfänger jeweils in demselben Abstand zum Sender befinden.

Es ist also immer ein Kompromiss: Mehr Antennengewinn in eine Richtung bedeutet auch, dass die Richtcharakteristik sehr ausgeprägt ist und dass die Antenne in eine andere Richtung weniger oder gar nicht abstrahlt. Man kann sich diese Sache auch mit einer Duschbrause vorstellen. Hält man einige Löcher von dieser zu, so spritzt die Brause das Wasser mit den verbliebenen Löchern stärker gerichtet und auch weiter.

Zuvor wurde bereits erwähnt, dass die Länge der Antenne sich immer in der gleichen Größenordnung wie die Wellenlänge befindet. Die Berechnung nach Beispiel 2 in Kapitel 3.1 hat gezeigt, dass die elektromagnetischen Wellen bei 35 MHz eine Länge von 8,57 m haben. Selbst wenn man kürzere Antennen wählt, beispielsweise $\lambda/4$, weisen diese immer noch eine Länge von über 2 m auf. Die für diese Fernsteuerungen eingesetzten Antennen sind jedoch aus praktischen Gründen meistens kürzer ausgeführt. Speziell auch die Empfangsantennen sind wesentlich kürzer. Die nur einige Zentimeter langen 2,4-GHz-Antennen können hingegen auch in der Praxis immer optimal auf die Wellenlänge abgestimmt gebaut werden. Der Antennengewinn einer 2,4-GHz-Antenne ist deshalb größer als derjenige einer 35-MHz-Antenne. Das heißt auch, dass eine 2,4-GHz-Anlage im Vergleich zu einer 35-MHz-Anlage unter denselben Bedingungen (Ausrichtung, Abstand) generell eine kleinere Senderleistung benötigt, um beim Empfänger dieselbe Signalstärke zu erreichen.

4.3 Stabantenne und ihre Ausrichtung

Alle Überlegungen der Grundlagen und der praktischen Ausführung von Antennen wurden bis jetzt anhand der Stabantenne angestellt. Diese Antennenart wird bei Modellbaufernsteuerungen auch sehr häufig eingesetzt. Die Antennen sind meistens dreh- und klappbar ausgeführt, sie können in fast jede beliebige Richtung gedreht und geschwenkt werden. Das zeigt Bild 30, auf welcher eine typische Stabantenne zu sehen ist.

Das Antennendiagramm der Stabantenne wurde in Bild 28 vorgestellt und diskutiert. Wichtig für die Ausrichtung solcher Antennen ist, dass die Abstrahlung senkrecht zur Antenne maximal erfolgt. Zeigt die Antenne also in die vertikale Richtung, ist die Abstrahlung in horizontaler Richtung rund um die Antenne herum maximal. Viele Modellpiloten und -kapitäne kümmern sich in der Praxis gar nicht um die Stellung der Antenne, sie wählen einfach eine willkürliche Orientierung, vielleicht etwas vom Sender abgewinkelt. Das ist grundsätzlich keine schlechte Idee, denn es ist ja gerade die Fernsteuerung, welche es möglich macht, dass die Modelle sich wie gewünscht fortbewegen können. So ändert sich zwangsläufig auch permanent der Abstand und die Richtung zu den Modellen.

Doch trotzdem gibt es für die einzelnen Modellbausparten Vorzugsrichtungen, welche darauf ausgelegt sind, dass die Antenne in einer Vielzahl von Fällen optimal auf das Modell ausgerichtet ist.

4.3.1 Kopfstellung für Modellflugzeuge und -Helikopter

Da Modellflugzeuge und -Hubschrauber sich, vom Piloten aus gesehen, im Flug meistens schräg oben befinden, ist die Kopfstellung eine sinnvolle Antennenausrichtung. Sie wird dabei im Vergleich zu Bild 28 leicht nach hinten in Richtung des Kopfs geklappt. So wird eine ma-

Bild 30: Fernsteuerung mit dreh- und klappbarer Stabantenne.

Bild 31: Fernsteuersender mit horizontal ausgerichteten Stabantennen.

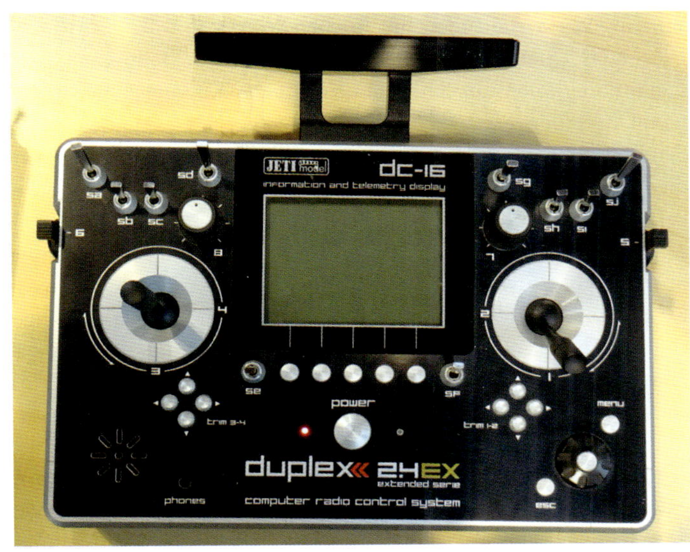

ximale Abstrahlung in Richtung des Modells, eben senkrecht zur Antenne, erreicht. Es gibt aktuell unterschiedliche Ansichten darüber, ob elektromagnetische Wellen gesundheitsgefährdend seien oder nicht. Wenn die Antennenspitze direkt zum Kopf zeigt und damit eine minimale Abstrahlung dorthin aufweist, ist das in dieser Hinsicht optimal. Auch für eine Landung, bei welcher eigentlich eine senkrechte Antennenstellung gemäss Bild 27 optimal wäre, strahlt die Antenne in Kopfstellung noch genügend gut ab. Ganz wichtig ist jedoch, dass wegen der Polarisation auch die Empfangsantenne in diesem Fall sinnvollerweise vertikal ausgerichtet sein muss. Dieser Aspekt wird jedoch später behandelt.

4.3.2 Senkrechtstellung für Auto- und Schiffsmodelle

Bei Auto- und Schiffsmodellen kann man die Antenne entweder ganz senkrecht, oder ganz leicht schräg nach vorne stellen, besonders dann, wenn man leicht erhöht steht, wie es in Bild 21 gezeigt wurde. Auch hier ist wegen der vertikalen Polarisation eine vertikale Ausrichtung der Empfangsantenne nötig.

4.3.3 Horizontal ausgerichtete Stabantenne

Eine weitere Möglichkeit für die Ausrichtung einer Stabantenne ist die horizontale Ausrichtung. Diese kann mit den meisten klappbaren Antennen erreicht werden. Auch Fernsteuersender mit fest eingebauten horizontalen Stabantennen findet man auf dem Markt. Bild 31 zeigt eine solche Fernsteuerung. Hier wurden gleich zwei Antennen mit dieser Ausrichtung

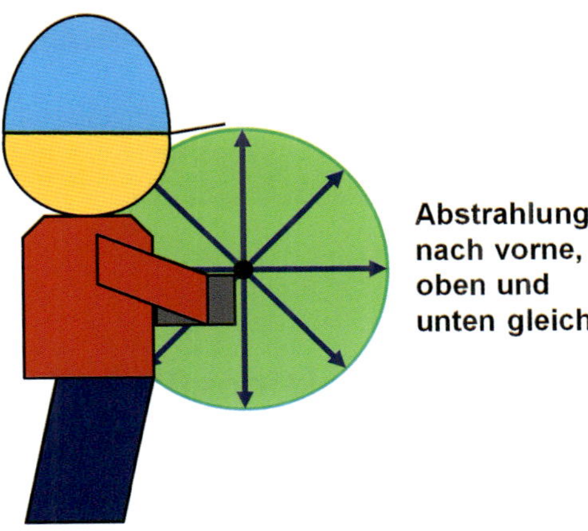

Bild 32: Strahlungsdiagramm einer horizontal ausgerichteten Stabantenne.

verbaut. Wie weiter oben beschrieben wurde, gleicht das Antennendiagramm von Stabantennen im dreidimensionalen Raum eigentlich einem Donut oder einem Schwimmring. Von der Seite her gesehen ist das Strahlungsdiagramm dieser Antenne gleich wie dasjenige einer vertikal gestellten von oben gesehen, siehe Bild 32.

Die Abstrahlung ist nach vorne, unten und oben gleich. Nur nach hinten verursacht der Körper wieder einen Funkschatten. Es ist hier etwas wichtiger als bei der vertikal ausgerichteten Stabantenne, dass sich der Modellpilot zusammen mit seiner Fernsteuerung in Richtung des Modells dreht, da die Abstrahlung dorthin maximal ist. Zur Seite hin nimmt sie jedoch ab. Das ist aber meistens kein Problem, da sich die meisten Modellpiloten und -kapitäne meistens sowieso intuitiv in Richtung ihres Modells drehen, um es mit ihrem Blick geradeaus zu erfassen.

Da diese Antenne horizontal polarisiert, ist die optimale Ausrichtung von einer der entsprechenden Empfangsantennen ebenfalls horizontal. Das sollte auch bei deren Einbau berücksichtigt werden.

4.3.4 Empfängerantenne

Beim Empfänger sind die Antennen fast immer Drahtstücke mit einer bestimmten Länge. Genauso wie bei der Senderantenne, sind ihre Abmessungen auch beim Empfänger in derselben Größenordnung wie die Wellenlänge. Ohne die Zuleitung ist sie beispielsweise $\lambda/4$, bei 2,4-GHz-Empfängern also etwa 3,1 cm lang. Bei den 35-MHz-Empfängern war sie meistens etwas länger als 90 cm, nämlich $\lambda/8$. Bei dieser Länge war es immer eine spezielle Herausforderung, das Kabel in den Modellen sauber zu verlegen.

Diese Drähte sind im Prinzip ebenfalls Stabantennen. Sie weisen ebenfalls ein Antennendiagramm auf, welches sich analog zu Bild 28 verhält. Die Empfängerantenne muss also jeweils genau gleich wie die Senderantenne ausgerichtet werden, damit ein maximales Empfangssignal erreicht wird. Auch die Orientierung muss wegen der Polarisation bei der Sender- und der Empfängerantenne möglichst gleich sein. Bei vertikalen Senderantennen sollte also die Empfängerantenne ebenfalls vertikal aus dem Modell herausragen, und bei horizontal angeordneten

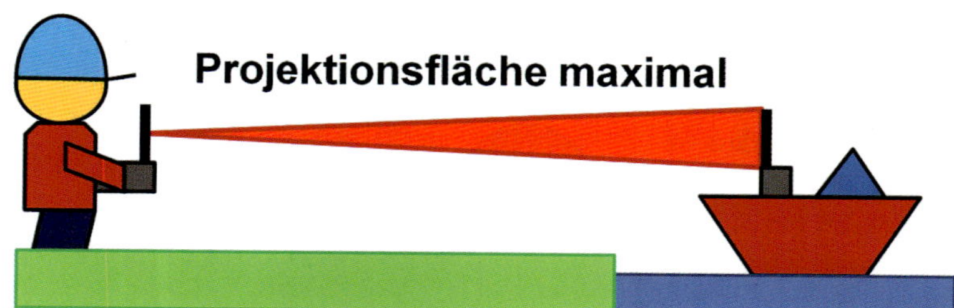

Bild 33: Optimale Antennenausrichtung am Beispiel eines Schiffsmodells.

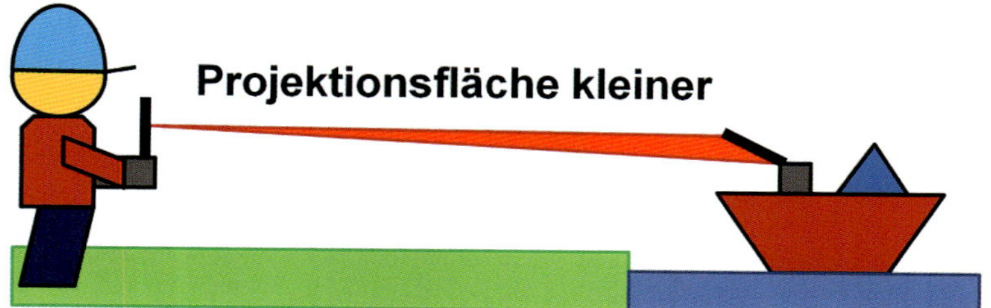

Bild 34: Etwas verdrehte Empfängerantenne.

Senderantennen sollte eine der Empfängerantennen demnach ebenfalls horizontal aus dem Modell herausragen.

Um dies etwas zu illustrieren, soll Bild 27 noch auf eine andere Art dargestellt werden. Das Bild zeigt eine optimal ausgerichtete Sender- und Empfangsantenne in vertikaler Richtung. Stellt man sich vor, dass der Sender ein Lichtpunkt ist, dann hat dieser Lichtpunkt so eine optimale Projektion auf die gesamte Länge der Empfangsantenne, siehe Bild 33.

Diese Darstellung ist zwar etwas vereinfacht, sie gibt die wahren Verhältnisse jedoch ziemlich gut wieder. Wenn jetzt die Empfängerantenne gegenüber der Senderantenne etwas verdreht wird, wie es Bild 34 zeigt, dann wird die Projektionsfläche kleiner, auch das Empfangssignal wird so etwas schwächer.

Wenn die Empfängerantenne nicht in diese Richtung, sondern bildlich gesprochen ins Blatt hinein beziehungsweise aus dem Blatt heraus gedreht würde, würde das Empfangssignal wegen der dann unterschiedlichen Polarisation ebenfalls abgeschwächt. Bild 35 zeigt den Extremfall mit zueinander senkrecht stehenden Antennen. Hier ist gar keine Projektionsfläche vorhanden und deshalb gibt es eigentlich auch kein Empfangssignal. Hier zeigen sich jedoch schon die Grenzen dieser vereinfachten Darstellung. Wie in Kapitel 4.6 ‚Praktische Empfangsmessungen' noch gezeigt wird, ist bei dieser Antennenstellung trotzdem ein Empfangssignal vorhanden. Die Senderantenne strahlt ja eben nicht nur in die eingezeichnete Richtung ab, sondern nach dem Antennendiagramm in Bild 28 auch etwas schwächer in die anderen Richtungen. So gibt es hier auch elektromagnetische Wellen, welche auf dem Boden auftreffen und von diesem reflektiert beim Empfänger eintreffen. In der Praxis hat man deshalb oft auch so noch einen Empfang. Trotzdem sollte man es vermeiden, dass die Antennen zueinander senkrecht stehen.

Bild 36 zeigt denselben Fall wie Bild 35. Die Empfangsantenne weist dasselbe Antennendiagramm auf wie die Senderantenne. Wenn sie optimal auf den Sender ausgerichtet ist wie hier, kann man sich auch auf ihr einen Lichtpunkt vorstellen. Wenn dieser dann auf der schlecht ausgerichteten Senderantenne keine Projektionsfläche hat, ist das Empfangssignal ebenfalls

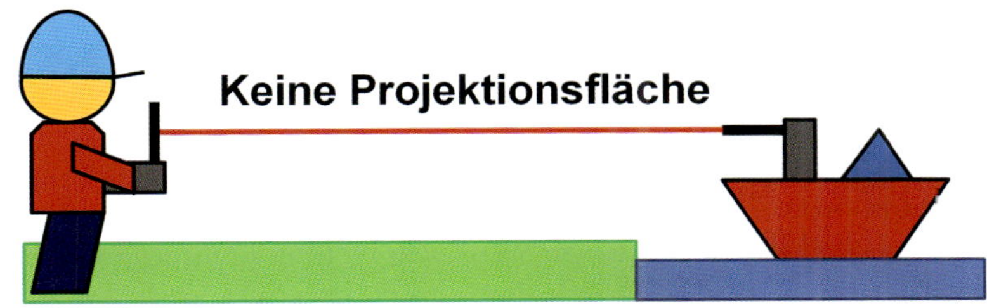

Bild 35: Sender- und Empfängerantenne stehen zueinander senkrecht.

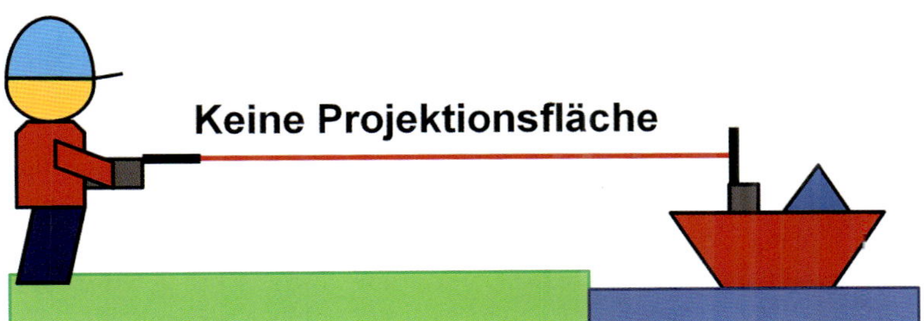

Bild 36: Auch hier stehen die Sender- und Empfangsantenne senkrecht zueinander.

Bild 37: Antenne eines Automodells.

schlecht. Zusammenfasend können diese Erkenntnisse in einem Merksatz zusammengefasst werden:

Eine Sender-Stabantenne sollte möglichst senkrecht zur Richtung des Modells stehen, in diese Richtung ist die Abstrahlung maximal. Sie sollte nie direkt in die Richtung des Modells zeigen, sonst ist der Empfang minimal. Dasselbe gilt für die Empfängerantenne. Sie sollte möglichst senkrecht zur Richtung des Senders stehen. Sie sollte nie in die Richtung des Senders zeigen.

4.3.5 Ein Beispiel für Auto- oder Schiffsmodelle

Da diese Modelle ja meistens ‚von oben herab' bestrahlt werden, wie das beispielsweise auch bei Bild 21 gezeigt wurde, wird die Empfangsantenne hier oftmals so montiert, dass sie oben aus dem Modell herausragt. Bild 37 zeigt das am Beispiel eines Automodells. In diesem Fall ist die optimale Ausrichtung der Senderantenne ebenfalls vertikal nach oben (oder unten). Im Normalfall besteht so auch der für den guten Empfang der 2,4-GHz-Wellen sinnvolle Sichtkontakt zwischen der Sender- und Empfangsantenne.

4.4 Die Patch-Antenne und ihre Ausrichtung

Eine ganz andere Antennenart ist die Patch-Antenne. Diese weist eine stärkere Richtungswirkung als die Stabantenne auf. Sie besteht typischerweise aus einer Platte mit der Länge von $\lambda/2$. Dahinter befindet sich ein Dielektrikum, also eine nicht leitende Schicht, und dann folgt noch einmal eine leitende Schicht. Diese wirkt als Reflektor und schirmt die elektromagnetische Strahlung nach hinten ab. Das ist der Grund für die starke Richtwirkung nach vorne. Der Antennengewinn ist deshalb größer als bei Stabantennen. Die Leistung des Hochfrequenzgenerators muss also etwas reduziert werden, um beim Empfänger dasselbe Empfangssignal wie bei einer Stabantenne zu erzielen. Bild 38 zeigt ein Sendermodul mit Patch-Antenne, welches auf eine gängige Fernsteuerung montiert wurde.

Für die optimale Ausrichtung der Antenne auf das Modell soll das Antennendiagramm aus Bild 39 herangezogen werden. Die Vorderseite der Platte muss für einen optimalen Empfang in die Richtung des Modells zeigen. Für Modellflugzeuge und -Helikopter wäre eine Ausrichtung wie dargestellt, leicht schräg nach oben sinnvoll. Für Auto- oder Schiffsmodel-

▲

Bild 38:
Sender mit Patch-Antennen.

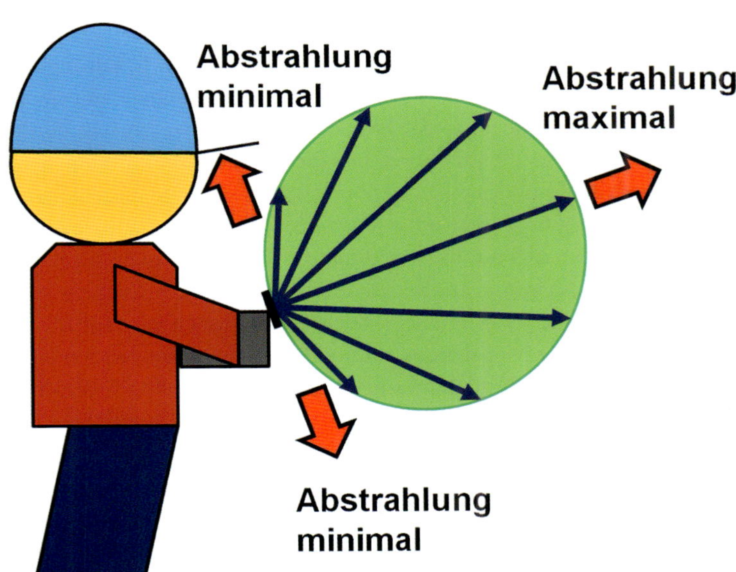

Bild 39:
Antennendiagramm einer Patch-Antenne.

le sollte die Platte etwa gerade nach vorne gerichtet werden. Gleich wie bei der horizontal ausgerichteten Stabantenne, ist es auch bei der Patch-Antenne von Vorteil, wenn sich der Modellpilot zusammen mit seinem Sender in die Richtung des Modells dreht. Welche von den vorgestellten Antennen sich am besten für den Einsatz in 2,4-GHz-Fernsteuerungen eignet, kann nicht abschließend erläutert werden, da alle Antennen ihre speziellen oben besprochenen Eigenschaften aufweisen. Aus diesem Grund haben sie alle ihre Berechtigung. Die Stabantennen mit weniger Richtwirkung und geringerem Antennengewinn sind etwas weniger empfindlich auf die Ausrichtung, dafür benötigt der Hochfrequenz-Generator etwas mehr Leistung, um dieselbe Stärke des Empfangssignals zu erzielen. Ein sicherer Empfang hängt jedoch, wie bereits besprochen, nicht nur von der Stärke des Empfangssignals ab. Er hängt vor allen Dingen davon ab, ob auch noch ein Signal vorhanden ist, wenn das Modell nicht optimal zu der Antenne steht, oder wenn wegen der Bodenbeschaffenheit Reflexionen auftreten oder Hindernisse das Signal abschatten.

4.5 Diversity

Die oben gezeigten Beispiele von vertikalen Sender- und Empfängerantennen sind für Modellautos oder für Modellschiffe sinnvoll. Auch Versionen, bei welchen beide Antennen horizontal angeordnet sind, kann man in der Praxis finden. Die ferngesteuerten Modelle sind jedoch alle dafür ausgelegt, dass sie sich im Betrieb bewegen. Das ist ja auch der Grund, weshalb es überhaupt Fernsteuerungen gibt. Modellautos oder Modellschiffe bewegen sich nur in zwei Dimensionen, sie bleiben also immer am Boden oder auf dem Wasser. In keinem Fall, außer vielleicht bei einem Überschlag des Modellautos, nimmt eine vertikal angenommene Empfängerantenne eine andere Orientierung als diese ein.

Ganz anders stellt sich dieser Sachverhalt bei Modellflugzeugen oder Modellhelikoptern dar. Da sie sich in drei Dimensionen und in jede beliebige Orientierung bewegen können, wird auch eine in einem angenommenen Geradeausflug optimal positionierte Empfängerantenne zusammen mit dem Modell plötzlich jede beliebige Orientierung einnehmen. Man stelle sich im Extremfall ein 3D-Helikoptermodell vor, welches von einem erfahrenen Piloten gesteuert wird. Es bewegt sich so schnell in alle Richtungen und wechselt dabei die Orientierung, dass es ein Zuschauer kaum nachverfolgen kann. Auch bei Kunstflugmodellen ändert sich die Orientierung der Antenne ständig. Es versteht sich von selbst, dass in diesem Fall der optimale Empfang nicht mehr zu jeder Zeit gewährleistet werden kann. Gerade bei Flugmodellen ist aber der sichere Empfang zu jeder Zeit besonders wichtig, da selbst ein ganz kurzer Ausfall schnell zu einem Totalverlust des Modells führen könnte.

4.5.1 Zwei Antennen als Merkmal

Aus diesem Grund werden vor allem bei Modellflugzeugen und Modellhubschraubern, oftmals auch bei allen anderen Modellen, mehrere Antennen mit unterschiedlicher Ausrichtung montiert. Dafür wird der Oberbegriff ‚Diversity' verwendet.

Der Grundgedanke der Diversity-Funktion ist, dass diese Antennen bzw. deren elektronischen Schaltungen dann Sende- oder Empfangssignale mit unterschiedlichen Polarisationen verarbeiten können. So wird dann immer auf das bestmögliche Signal umgeschaltet. Da sich ja meistens das Modell zusammen mit seinem Empfänger stärker dreht als der Sender, wurden die ersten Diversity-Systeme auch für die Empfangseinheiten entwickelt. Da es jedoch nur auf die gegenseitige Orientierung zwischen den Sender- und Empfängerantennen ankommt, ist der Effekt grundsätzlich derselbe, ob der Empfänger oder der Sender oder auch gleich beide eine Diversity-Funktion aufweisen. Aus diesem Grunde kann die Diversity-Funktion heute auch bei beiden angewendet werden.

4.5.2 Empfänger

Bild 40 zeigt einen Empfänger mit Diversity-Funktion. Diversity kann im einfachsten Fall einfach nur heißen, dass der Empfänger zwischen zwei verschiedenen Antennen umschaltet und das jeweils bessere Signal auswertet. Es gibt jedoch auch die Möglichkeit, dass neben den Antennen der ganze Teil der internen Signalverarbeitung doppelt existiert. Diese Variante ist zwar etwas aufwändiger in der Realisierung, aber auch noch sicherer. Je mehr Teilsysteme doppelt, man nennt das in der Fachsprache auch ‚redundant' vorkommen, desto größer ist grundsätzlich die Zuverlässigkeit. Selbstverständlich gibt es zwischen diesen beiden extremen Varianten auch Zwischenstufen. So ist es auch möglich, dass nur der Hochfrequenzteil inklusive Antenne doppelt, die Signalauswertung jedoch nur einmal vorhanden ist.

Um die Frage nach der optimalen Anordnung der beiden Antennen zu beantworten, soll zuerst nachfolgender Merksatz formuliert und danach besprochen werden.

Im Diversity- Betrieb stehen die beiden Antennen im Optimalfall mit 90° zueinander. Die Antennenspitzen sollen mit den Original-Zuleitungen möglichst weit voneinander entfernt stehen. Es dürfen keine Antennen gekürzt oder verlängert werden, sie sollen so verwendet werden, wie vom Hersteller vorgegeben.

Die 90°-Forderung wird aufgrund der Polarisation formuliert. Wenn eine Empfangsantenne etwas aus der Polarisationsachse weggedreht wird, empfängt sie ein schwächeres Signal. Bei der 90°-Anordnung der Antennen ist fast in jeder beliebigen Orientierung gewährleistet, dass eine der beiden Antennen ein Signal empfängt.

Die Forderung nach dem maximalen Abstand der Antennenspitzen erfolgt wegen eines möglichen Funkschattens. Je weiter sie voneinander entfernt stehen, desto unwahrscheinlicher ist es, dass beide Antennen gleichzeitig betroffen sind. Im Idealfall ragen einige Zentimeter der Antennenspitze aus dem Modell heraus, da es Materialien gibt, welche die 2,4-GHz-Wellen abschirmen und zum Empfangsverlust beitragen. Als Beispiel ist hier speziell CFK oder Carbon zu erwähnen.

Die Zuleitung sollte in jedem Falle so belassen werden, wie sie im Original geliefert wurde. Die Hersteller haben die Empfangsqualität ihrer Antennen inklusive der gelieferten Zuleitung optimiert. 2,4-GHz-Systeme sind wegen der wesentlich kleineren Wellenlänge viel anfälliger auf unsachgemässe Veränderungen als die MHz-Steuerungen. Wenn es früher (fast) keine Rolle spielte, wenn eine knapp 1 m lange 35-MHz-Empfängerantenne um einige Zentimeter gekürzt oder verlängert wurde, so kann bei 2,4 GHz nur schon eine Veränderung der Länge oder auch der Zuleitung um wenige Mil-

Bild 40: Empfänger mit Diversity-System.

limeter einen kompletten Empfangsausfall bedeuten. Um einen Spezialfall zu behandeln, soll noch einmal Bild 26 betrachtet werden. Bei der Besprechung wird dort erwähnt, dass bei vielen Empfängerantennen λ/4-Antennen mit einer Länge von etwa 3,1 cm eingesetzt werden. Manchmal kommt aber auch eine λ/2-Antenne zum Einsatz. Wie es in Bild 26 beschrieben ist, sind das dann einfach zwei verbundene λ/4-Antennen, welche in den Hochfrequenzteil einspeisen. Hierbei handelt es sich eigentlich nicht um ein echtes Diversity-System, obwohl von außen eigentlich auch zwei Antennen sichtbar sind. Es findet ja kein Umschalten auf das bessere Signal statt und es ist eigentlich auch nur eine einzige Antenne vorhanden.

Ein weiterer Spezialfall ist es, wenn bei größeren Modellen zwei Empfänger verschiedene Servos oder Peripherie ansteuern. Auch wenn hier zwei komplett unabhängige Systeme vorliegen, ist doch immer nur je eines für seine eigenen Servos zuständig. Das ist somit auch kein echtes Diversity-System. Einige Hersteller bieten jedoch die Möglichkeit, dass zwei Empfänger über ein spezielles Kabel miteinander verbunden werden und auf diese Weise wieder ein echtes Diversity-System entstehen kann. Oftmals sind auch Systeme anzutreffen, bei welchen zwei Diversity-Empfänger miteinander verbunden werden und dann anstelle von zwei insgesamt sogar vier Antennen für einen guten Empfang sorgen.

4.5.3 Sender

Bild 41 zeigt einen Sender mit Diversity. Genau gleich wie bei den Empfängern, gibt es auch hier verschiedene Ausführungen. Im einfachsten Fall werden nur zwei Antennen an denselben Hochfrequenzteil gekoppelt. Bei noch zuverlässigeren Systemen, wie auch bei demjenigen im Bild, werden zwei voneinander unabhängige Sendeeinheiten eingebaut. Aus demselben Grund ist es auch hier sinnvoll, dass die beiden Antennen abgewinkelt zueinander stehen.

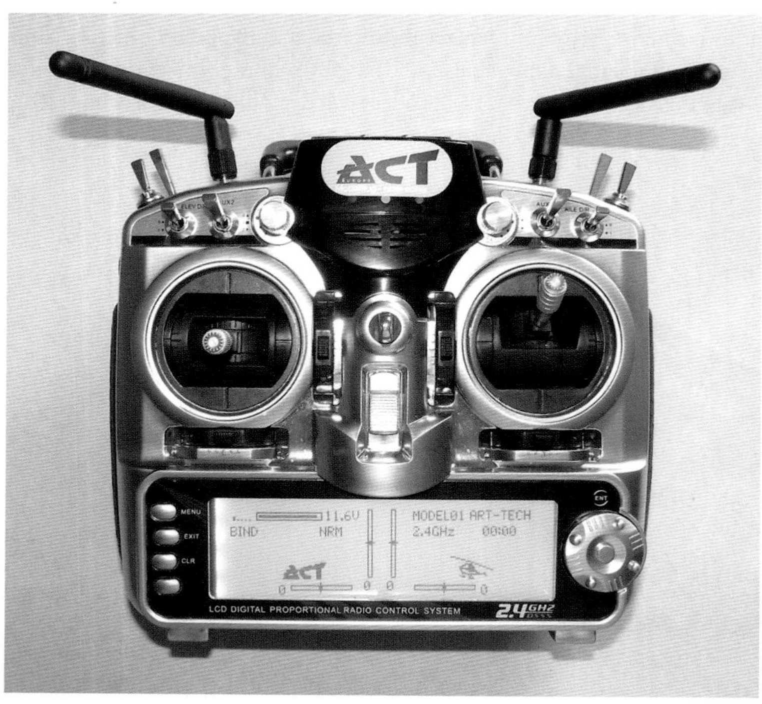

Bild 41: Sender mit Diversity.

Wenn zusätzlich auch der Empfänger mit Diversity ausgerüstet ist, dann können sogar zwei voneinander unabhängige Übertragungswege realisiert werden.

4.5.4 Einsatz von Diversity-Systemen in 2,4-GHz-Fernsteuerungen

Zusammenfassend lässt sich sagen, dass Diversity heute bei den 2,4-GHz-Fernsteuerungen viel häufiger eingesetzt wird, als es früher bei den MHz-Fernsteuerungen der Fall war. Bei Flugmodellen und Helikoptern empfiehlt der Autor den Einsatz sogar. Das ist einerseits sicher dem Technologiesprung zu verdanken. Entsprechende Chips für die Auswertung oder die Ansteuerung von Diversity-Systemen können heute viel einfacher und preiswerter in die Sender und Empfänger integriert werden, als dies früher der Fall war.

Andererseits sind die 2,4-GHz-Systeme im Vergleich zu den MHz-Steuerungen schon eher etwas anfälliger auf plötzliche Empfangsstörungen. Ein Grund dafür ist der Signalschwund bei sich bewegenden Modellen oder der im Kapitel 3.4 besprochene Funkschatten, welcher bei der 2,4-GHz-Technologie aufgrund der dem Licht ähnlicheren Wellenlänge halt doch etwas größer ausfällt. Ein weiterer Grund ist bei den Empfängerantennen zu suchen. Die MHz-Antennen hatten eine Länge von knapp einem Meter und wurden beim Beispiel Modellflugzeug meistens zuerst innerhalb des Rumpfes geführt, dann zum Seitenleitwerk gespannt, und der letzte Teil war dann herabhängend. So war es auch ohne Diversity-System fast immer gewährleistet, dass mindestens ein Teil der langen Empfängerantenne einigermassen optimal ausgerichtet war, um die vom Sender ausgestrahlten elektromagnetischen Wellen einzufangen.

Aus Sicht des Autors macht jedoch die 2,4-GHz-Technologie das wieder wett wegen der dazugewonnenen Sicherheit, dass man sich nicht mehr über den Kanal absprechen muss, wie das bei der MHz-Technologie der Fall ist. Trotzdem soll folgender Merksatz am Ende des Kapitels stehen:

Modellflugzeuge und Modellhelikopter sollten bei 2,4-GHz-Fernsteuerungen aus Sicherheitsgründen immer mit Diversity-Systemen betrieben werden. Bei Modellschiffen oder Modellautos empfiehlt sich zumindest der Einsatz von Diversity-Systemen.

4.6 Praktische Empfangsmessungen

Um die in den Kapiteln 3 und 4 besprochenen Eigenschaften und die optimale Antennenausrichtung der 2,4-GHz-Fernsteuerungen praktisch zu untermauern, folgen in diesem Unterkapitel einige typische Messungen mit einer gängigen Fernsteuerung. Bei der für die Messung herangezogenen Fernsteuerung, Graupner/SJ HoTT MX-16, kann die Stärke des Empfangssignals direkt auf dem Senderdisplay abgelesen werden. Wie das funktioniert, wird im Kapitel 7 ‚Telemetrie', genauer behandelt. Es handelt sich bei dieser Funktion um gängige Technik, welche bei vielen heutigen Fernsteuerungen eingebaut ist.

Es soll noch vorweggenommen werden, dass die Messungen nur qualitativ durchgeführt wurden. Die Messgröße ist die Empfangsstärke, welche mit einer Prozentzahl der maximalen Empfangsstärke angegeben wird. Grundsätzlich muss zwischen Empfangsstärke und Empfangsqualität unterschieden werden.

4.6.1 Empfangsstärke ist nicht unbedingt gleich Empfangsqualität

Es ist durchaus möglich, dass die Empfangsstärke wegen eines großen Abstandes, wegen Reflexionen oder wegen Hindernissen, wie es in den Kapiteln 3 und 4 beschrieben wurde, sehr gering ist. Die Form der empfangenen Signale kann trotzdem so sein, dass diese problemlos verstärkt werden können. Die Servos funktionieren dann trotzdem einwandfrei.

Wenn sich ein Modell jedoch bewegt und die Reflexionen und Hindernisse sich dauernd ändern, wird bei schwächeren Empfangssignalen im Allgemeinen auch die Empfangsqualität schlechter. Deshalb ist es eben in der Praxis trotzdem so, dass die Empfangsqualität mit der Empfangsstärke zusammenhängt.

Messung A:

Abstand Sender – Empfänger 100 m
Sender und Empfänger in 1,5 m Abstand zum Boden
Beide Antennen vertikal
Resultat: Empfangsstärke 95 %

Der Abstand zum Sender ist klein. Die Fresnel-Zone hat nach Tabelle 1 in Kapitel 3.3. eine Höhe h von 1,76 m. Der Boden ragt also nur ganz knapp in sie hinein. Deshalb ist ein ausgezeichnetes Empfangssignal zu erwarten.

Messung B:

Abstand Sender – Empfänger 100 m
Sender und Empfänger in 1,5 m Abstand zum Boden
Beide Antennen vertikal
Eine Person steht unmittelbar vor dem Sender
Resultat: Empfangsstärke 50 %

Die Bedingungen sind gleich wie bei der Messung A, zusätzlich steht eine Person unmittelbar vor dem Sender. Diese verursacht einen massiven Funkschatten nach Kapitel 3.4. Eine weitere Vergleichsmessung mit einer Person, welche anstatt vor dem Sender unmittelbar vor dem Empfänger steht, ergibt dieselben Resultate. Auch das ist erklärbar, da die Antennendiagramme von Sender und Empfänger dieselben sind. Es sind ja beides Stabantennen. Steht die Person gerade in der Mitte zwischen Sender und Empfänger, also je 50 m entfernt, wird die Empfangsstärke wieder 95 %, weil der Funkschatten dann weniger Einfluss hat.

Messung C:

Abstand Sender – Empfänger 200 m
Sender und Empfänger in 1,5 m Abstand zum Boden
Beide Antennen vertikal
Resultat: Empfangsstärke 85 %

Die Bedingungen sind gleich wie bei der Messung A, außer dass der Abstand jetzt 200 m anstatt 100 m beträgt. Die Fresnel-Zone hat jetzt nach Tabelle 1 in Kapitel 3.3. eine Höhe h von 2,5 m. Der Boden ragt also etwas stärker in sie hinein, als bei Messung A. Außerdem ist der Abstand größer, was das Empfangssignal nach Kapitel 3.2 zusätzlich etwas abschwächt.

Messung D:

Abstand Sender – Empfänger 200 m
Sender in 1,5 m Abstand zum Boden
Empfänger am Boden
Beide Antennen vertikal
Resultat: Empfangsstärke 80 %

Die Bedingungen sind ähnlich wie bei der Messung C, außer dass jetzt der Empfänger am Boden steht. Beide Antennen sind optimal ausgerichtet. Im Unterschied zur Messung C ragt jetzt der Boden stärker in die Fresnel-Zone (Kapitel 3.3) hinein. Deshalb entsteht wegen der stärkeren Reflexionen eine größere Signalabschwächung der direkten Wellen und das Signal wird etwas schwächer als dort. Als Vergleich kann das Bild 20 dienen.

Messung E:

Abstand Sender – Empfänger 200 m
Sender und Empfänger in 1,5 m Abstand zum Boden
Empfängerantenne vertikal
Die Senderantenne zeigt in Richtung zum Empfänger
Resultat: Empfangsstärke 60 %

Die Senderantenne ist zwar schlecht ausgerichtet, aber die Reflexionen am Boden kommen hier zu Hilfe. Diese Messung entspricht dem Bild 36. Auch eine Messung mit dem Empfänger am Boden zeigt dasselbe Resultat.

4.6.2. Erkenntnisse in Kurzform

Wie beim letzten Kapitel sollen auch hier die wichtigsten Erkenntnisse noch einmal in Kurzform dargestellt werden.

Die Sender- und Empfangsantenne sollten für einen optimalen Empfang dieselbe Orientierung aufweisen (Polarisation, Antennendiagramm, Bild 28).

Eine Sender-Stabantenne sollte möglichst senkrecht zur Richtung des Modells stehen, in diese Richtung ist die Abstrahlung maximal (Bild 34). Sie sollte nie direkt in die Richtung des Modells zeigen, sonst ist der Empfang minimal. Dasselbe gilt für die Empfängerantenne. Sie sollte möglichst senkrecht zur Richtung des Senders stehen. Sie sollte nie in die Richtung des Senders zeigen.

Je stärker die Richtwirkung der Antenne ausgeprägt ist, desto größer ist der Antennengewinn und desto kleiner die benötigte Leistung für einen sicheren Empfang in diese Richtung (Antennendiagramm, Antennengewinn, Bild 28).

Modellflugzeuge oder Modellhelikopter sollten bei 2,4-GHz-Fernsteuerungen aus Sicherheitsgründen immer mit Diversity-Systemen betrieben werden. Bei Modellschiffen oder Modellautos ist der Einsatz von Diversity-Systemen zumindest empfehlenswert.

Im Diversity-Betrieb stehen die beiden Antennen im Optimalfall mit 90° zueinander. Die Antennenspitzen sollen mit den Original-Zuleitungen möglichst weit voneinander entfernt stehen. Es dürfen keine Antennen gekürzt oder verlängert werden, sie sollen so verwendet werden, wie vom Hersteller vorgegeben.

5. Modulations- und Übertragungsarten

Bild 42 zeigt die einzelnen Funktionsblöcke eines 2,4-GHz-Fernsteuersenders. Bild 43 zeigt dasselbe für den Empfänger. Am Anfang von Bild 42 steht der Knüppel, am Ende von Bild 43 das Ruderhorn des Servos, welches die vorgegebene Bewegung letztlich nachmacht. Die vorangegangenen Kapitel 3 und 4 beschreiben eigentlich nur die drahtlose Übertragung zwischen der Sender- und Empfängerantenne, also das, was zwischen den Bildern 42 und 43 geschieht. In diesem Kapitel werden die dargestellten Funktionsblöcke näher betrachtet. Es geht also beim Sender um die Frage, was zwischen dem Steuerknüppel und der Antenne passiert. Beim Empfänger geht es darum, was zwischen der Antenne und dem Servo passiert.

Zwischen dem Steuerknüppel und dem Hochfrequenzverstärker des Senders gibt es zwei Blöcke, welche mit ‚PCM oder PPM', sowie ‚FHSS oder/und DSSS mit ASK, FSK oder PSK' bezeichnet werden. Sie fallen alle unter den Oberbegriff ‚Modulation'. Entsprechend gibt es diese Blöcke in der umgekehrten Reihenfolge auch beim Empfänger. Dort fallen sie

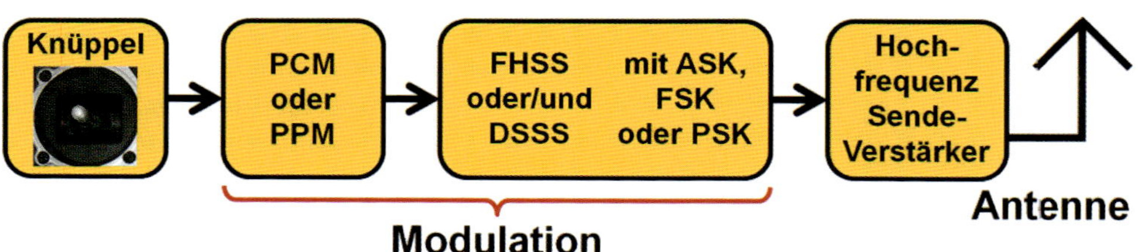

Bild 42: Blockschaltbild eines Fernsteuersenders.

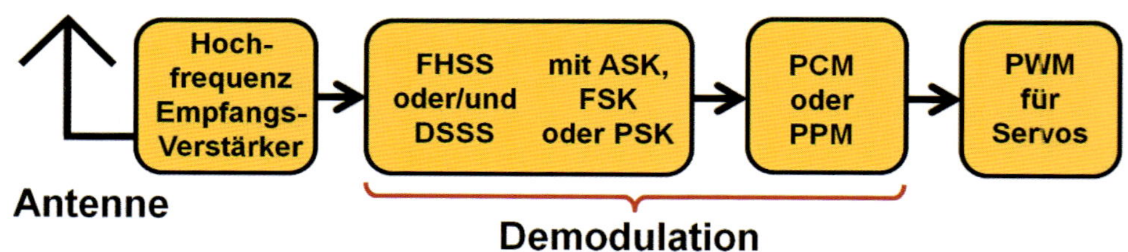

Bild 43: Blockschaltbild eines Fernsteuerempfängers.

unter den Oberbegriff ‚Demodulation'. Diesen Blöcken werden in Folge eigene Kapitel gewidmet. Insbesondere wird im Kapitel 5.1 PPM und PCM und im Kapitel 5.2 ASK, FSK und PSK behandelt.

Auch die Begriffe FHSS ‚Frequency Hopping' und DSSS ‚Spread Spectrum Technik' gehören zu der Modulation. Da sie jedoch wichtige Grundlagen der 2,4-GHz-Übertragung darstellen, wird ihnen je ein eigenes Kapitel gewidmet, nämlich 5.4 und 5.5. Der Oberbegriff dafür ist ‚Codemultiplexverfahren'. Die Abkürzung CDMA steht für die englische Bezeichnung ‚Code Division Multiple Access'. Es geht darum, dass verschiedene Sender Daten an ihre Empfänger übertragen können, ohne dabei die anderen zu stören. Dabei sind nicht nur die Fernsteuerungen gemeint, sondern alles, was auf dem ISM-Band von 2,40 bis 2,48 GHz sendet und empfängt, wie beispielsweise auch WLAN oder Bluetooth.

5.1 PPM und PCM

„Was ist überhaupt Modulation?", mag man sich an dieser Stelle fragen. Die drahtlose Kommunikation funktioniert im Modellbaubereich nur bei hohen Frequenzen im MHz- oder GHz-Bereich richtig gut. Bei einer Übertragung mit tieferen Frequenzen müsste die Senderleistung aus physikalischen Gründen sehr hoch sein. Wenn man eine Information drahtlos übertragen möchte, so muss man diese auf eine sinnvolle Art mit einem hochfrequenten Signal im MHz- oder GHz-Bereich verknüpfen. Die Information wird Nutzsignal und das hochfrequente Signal wird Trägersignal genannt. Dieser Vorgang der sinnvollen Verknüpfung von Nutz- und Trägersignal heißt dann allgemein Modulation. Die verknüpften Signale werden dann verstärkt und mittels den in den letzten beiden Kapiteln besprochenen elektromagnetischen Wellen ausgesendet. Diese erzeugen beim Empfänger ein Empfangssignal. Es wird dort verstärkt und enthält zuerst immer noch Nutz- und Trägersignal. Durch den umgekehrten Vorgang, nämlich der Entkoppelung des Nutzsignals vom Trägersignal, wird das Nutzsignal wieder zurückgewonnen und kann dann zur Ansteuerung von Servos, Motorreglern oder anderer Peripherie verwendet werden. Die Entkoppelung von Nutz- und Trägersignal wird Demodulation genannt.

Das ist ja grundsätzlich einfach, möchte man meinen, doch die moderne Technik bietet sehr viele ausgeklügelte Möglichkeiten für die Modulation beziehungsweise Demodulation. So ist ein ganzes Kapitel nötig, um auch nur diejenigen zu erklären, welche bei den 2,4-GHz-Fernsteuerungen eingesetzt werden. Der Vielfalt dieser Modulationsarten ist es auch zu verdanken, dass sich die 2,4-GHz-Technologie bei der drahtlosen Übertragung im Fernsteuerbereich durchsetzen konnte.

5.1.1 Puls-Pausen-Modulation (PPM)

Als Einstieg für die Erklärung der Puls-Pausen-Modulation (PPM) muss noch einmal zum Bild 5 in Kapitel 1.2. zurückgeblättert werden. Zuerst wird also die Position des Steuerknüppels ausgewertet und in ein PWM-Signal umgewandelt. Dann werden die PWM-Signale aller Kanäle hintereinander geschaltet. Das wird in Bild 44 gezeigt.

Das so entstandene Signal wird auch ‚Frame' oder ‚Summensignal' genannt. Im vorliegenden Beispiel sind die 1 bis 2 ms langen PWM-Signale von acht Kanälen dargestellt. Als Beispiele bekämen einzelne Servos folgende Steuersignale: Servo von Kanal 1: rechter (oder linker) Anschlag, Servo von Kanal 2: linker (oder rechter) Anschlag, Servos der Kanäle 3 bis 8: Mittelstellung. Danach folgt ein längeres Synchronisierungs- oder Reset-Signal. Die Elektronik im Empfänger muss ja die Kanäle hochzählen und ihnen die entsprechende Pulslänge zuordnen. Das lange Signal am Ende des Frames signalisiert, dass sich die Signalfolge danach wie-

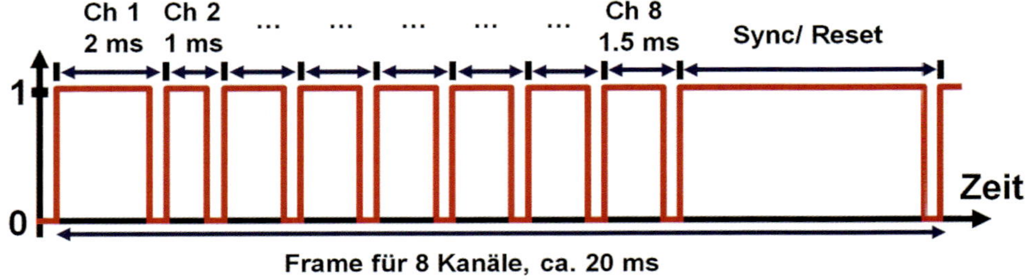

Bild 44: Frame der zusammengehängten PWM-Signale von acht Kanälen.

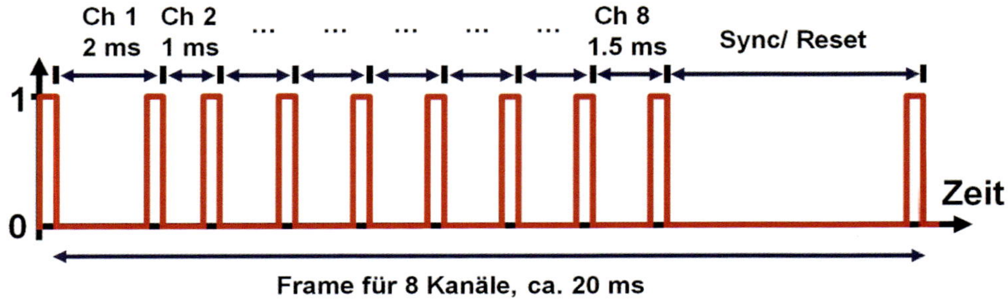

Bild 45: Puls-Pausen-Modulation.

der mit Kanal 1 beginnend wiederholt. Bei den meisten Fernsteuerungen wird aber das Signal nach Bild 45 verwendet.

Es ist die Invertierung des Signals von Bild 44. Das heißt, dass es zu jeder Zeit jeweils ‚0' ist, wenn dasjenige von Bild 44 ‚1' ist beziehungsweise ‚1', wenn dasjenige von Bild 44 ‚0' ist. Jetzt wird auch der Begriff ‚Puls-Pausen-Modulation' besser verständlich. Die Information des Signals steckt hier nicht in den immer gleich langen Pulsen, sondern in den Pausen zwischen diesen Pulsen. Ein Frame mit acht Kanälen wird so etwa alle 20 ms wiederholt. Fernsteuerungen, welche mit PPM arbeiten, datieren die Position ihrer Servos etwa 1/0,02 = 50mal pro Sekunde auf. Die PPM ist schon sehr lange ein Signalstandard bei den Fernsteuerungen. Über die Frage, ob diese Aufdatierungsrate für alle Anwendungen im Modellbau ausreichend ist, streiten sich die Experten. Die einen sagen zu Recht, dass die Reaktionszeit des Menschen viel langsamer sei als die Wiederholung der Frames im 20 ms-Takt. Einige Hersteller haben jedoch reagiert und Systeme mit schnelleren Frames entwickelt. Als Beispiel sei hier HRS genannt, welches etwa drei bis viermal schnellere Frames bereitstellt. Dies funktioniert jedoch nur zusammen mit digitalen Servos.

Es sei hierbei noch angemerkt, dass es bezüglich PPM zwei Begriffsdefinitionen gibt. PPM ist nämlich auch die Abkürzung für die ebenfalls in der Nachrichtentechnik eingesetzte Puls-Phasen- oder Puls-Positionsmodulation. Deshalb führt die Abkürzung oftmals zu Verwechslungen. In diesem Buch ist jedoch immer die oben besprochene Puls-Pausen-Modulation gemeint, wenn die Abkürzung PPM verwendet wird.

5.1.2 Puls-Code-Modulation (PCM)

Beim PPM-Signal ist also die Länge der Pausen zwischen den einzelnen Pulsen relevant. Der Empfänger wertet diese für alle Kanäle aus und steuert so die Servos an. Es ist also beim Empfang wichtig, dass die Länge gut bestimmt werden kann. Genau das ist jedoch ein kleiner Nachteil dieses Signal-Standards. Sowohl bei der Erzeugung des Signals im Sender, als auch bei der Übertragung und bei der Auswertung im Empfänger schleichen sich kleine Fehler ein. So entspricht die Servostellung nicht immer ganz genau der Knüppelstellung. Obwohl der Fehler sehr klein ist und für die Modellbaupraxis meistens keine Bedeutung hat, haben die Hersteller nach Möglichkeiten gesucht, die Knüppelstellung mit einem anderen Signal darzustellen, welches eine genauere Übertragung ermöglicht. Dabei wenden Sie die Puls-Code-Modulation (PCM) an.

Dazu muss die Knüppelposition zuerst in einer digitalen Form vorliegen. Liegt als Beispiel eine analoge Spannung von einem Potentiometer nach Bild 4 vor, kann diese mit einem Analog-/Digital-Wandler in eine Zahl umgewandelt werden. Bild 46 zeigt das am Beispiel eines so genannten 11-Bit-Wandlers.

Ein 11-Bit-Wandler wandelt die Spannung in 2^{11}, also 2×2×2×2×2×2×2×2×2×2×2 = 2.048 verschiedene Werte (von 0 bis 2047) um. Ist also die Knüppelstellung beispielsweise beim roten Pfeil, also etwa mittig rechts, berechnet der 11-Bit-Wandler das zur Zahl 1.445. Es werden auch andere Wandler eingesetzt, beispielsweise 8-Bit bis 10-Bit-Wandler mit 2^8 = 256, 2 = 512 oder 2^{10} = 1.024 verschiedenen Werten.

Diese Zahl muss jetzt aber noch in eine geeignete Form gebracht werden, damit sie schließlich übertragen werden kann. Sie wird dazu codiert. Sehr häufig wird dabei der Binärcode eingesetzt. Jedes Bit hat dann einen anderen Wert. Er startet bei 1 und verdoppelt sich jeweils, im Falle der diskutieren 11 Bit bis zum Wert 1.024. Das wird in Bild 47 dargestellt. Jetzt kann man alle Werte der gesetzten Bits, bei welchen also eine ‚1' steht, zusammenzäh-

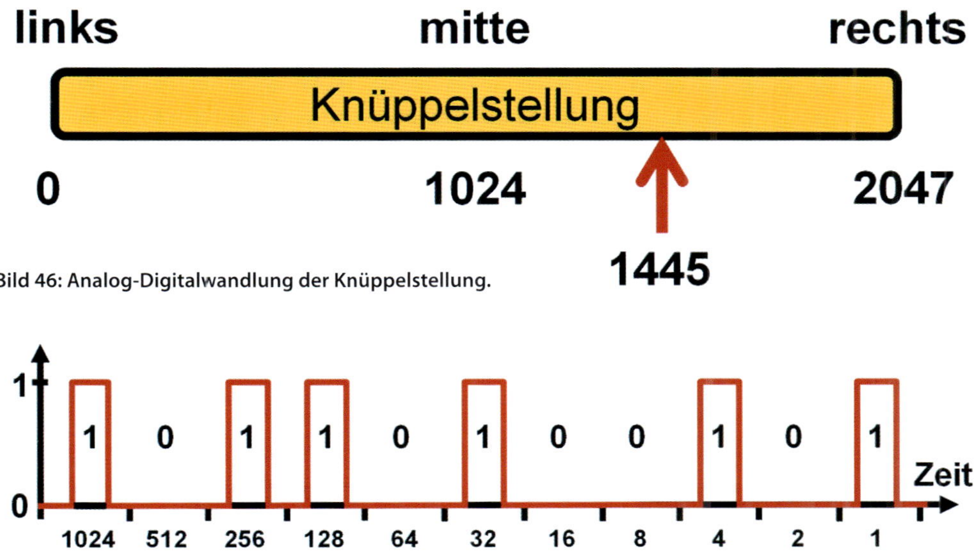

Bild 46: Analog-Digitalwandlung der Knüppelstellung.

Bild 47: Puls-Code-Modulation der Zahl 1445.

len. Das ergibt 1.024 + 256 + 128 + 32 + 4 + 1 = 1.445. Dieser Code ist eindeutig. Das heißt, dass jeder Kombination von gesetzten und nicht gesetzten Bits genau eine Zahl zwischen 0 und 2.047 zugeordnet werden kann. Diese Abfolge von ‚0' und ‚1', also diese 10110100101, ersetzt jetzt das PWM-Signal von Bild 5.

Nimmt man an, dass wieder ein Frame mit mehreren Kanälen gesendet werden muss, dann müssen diese Bitfolgen wie schon beim PPM-Signal hintereinander gehängt werden. Bild 48 zeigt eine schematische Darstellung einer Dreikanal-Fernsteuerung, wie sie bei einigen Automodellen eingesetzt wird.

Nach den Bitfolgen der drei Kanäle wird hier ein Prüfbit erstellt. Dabei werden die Bits der drei Kanäle zusammengezählt. Wird beispielsweise 1 und 1 zusammengezählt, ergibt sich in der so genannten Binärdarstellung, bei welcher nur Nullen und Einsen vorkommen, eine 10. Das Prüfbit ist dann die hintere Zahl, also die 0. Wenn dieses Signal ebenfalls übertragen wird, dann kann der Empfänger diese Berechnung mit den empfangenen Bits ebenfalls durchführen. Weicht seine eigene Berechnung von derjenigen des empfangenen Prüfbits ab, so muss ein Übertragungsfehler vorliegen. Der Empfänger wird dann je nach seiner Programmierung in den ‚Hold' bzw. ‚Fail Safe'-Modus (siehe Kapitel 2.2) übergehen.

Bei der Demodulation muss der Empfänger aus den empfangenen Bitfolgen der einzelnen Kanäle zuerst wieder die vom Sender codierte Zahl herstellen und daraus anschließend wieder ein für die Servos interpretierbares PWM-Signal erzeugen, wie es Bild 5 zeigt.

Prüfbits gehören beim PCM-Signal zum Stand der Technik. Bei der Art und Weise ihrer Berechnung und wie sie in das Übertragungssignal integriert werden, haben die meisten Hersteller ihre eigenen Standards. Das Bild 48 mit den Prüfbits nach drei Kanälen zeigt somit auch nur eine Möglichkeit von vielen für die Umsetzung.

Auch die Länge der Frames ist nicht bei allen Herstellern gleich. Anders als beim PPM-Signal, welches bei einem Frame mit acht Kanälen etwa um die 20 ms lang ist, variiert die Länge der PCM-Frames teilweise beträchtlich. Es kommt einerseits darauf an, wie lang die einzelnen Bits des Signals sind; andererseits hat es auch einen erheblichen Einfluss, wie viele Kanäle überhaupt übertragen werden und wie umfangreich die Prüfbits sind.

5.1.3 PPM und PCM im Vergleich

An erster Stelle soll hier ein oft angenommener Trugschluss aus der Welt geschafft werden. Oftmals wird nämlich fälschlicherweise angenommen, PCM funktioniere nur mit digitalen Servos, für analoge Servos müsse man hingegen immer ein PPM-Signal übertragen. Das ist falsch. PCM und PPM hat nur etwas mit der Art und Weise zu tun, wie die Informati-

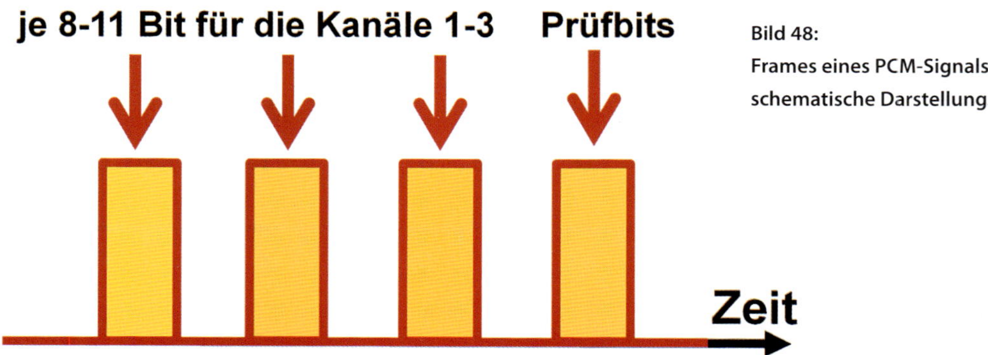

Bild 48: Frames eines PCM-Signals, schematische Darstellung.

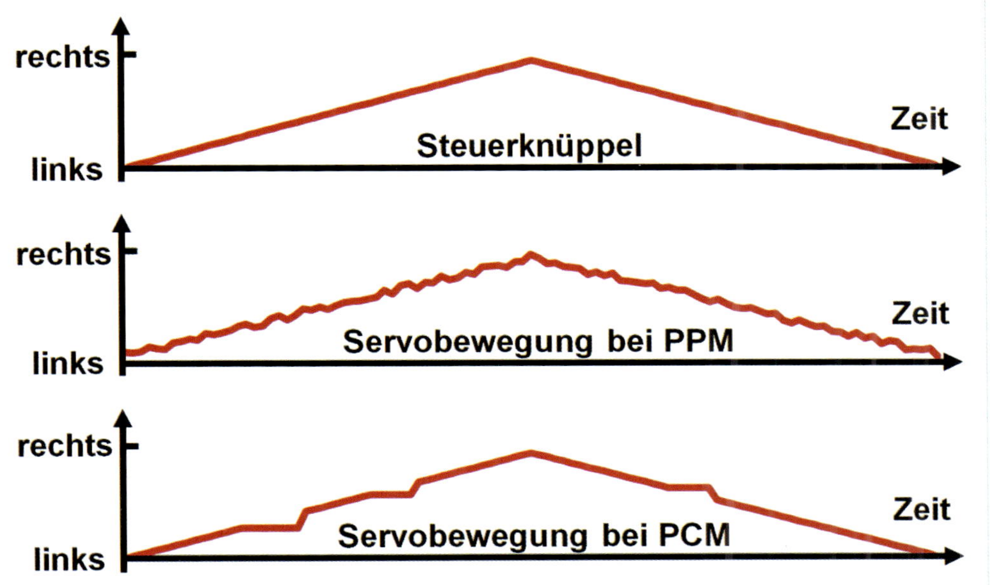

Bild 49: Servobewegung mit PPM- und PCM-Signal.

on übertragen wird. Inwieweit dann die Eigenschaften der digitalen Servos ausgeschöpft werden können, ist die Sache des Empfängers. Dieser muss die entsprechenden Steuersignale zur Verfügung stellen und unterstützen. Wie auch schon zuvor erwähnt, ist es durchaus möglich, dass der Sender mit dem Empfänger zwar über ein PCM-Signal kommuniziert, der Empfänger danach aber für den analogen Servo ein ganz normales PWM-Signal nach Bild 5 bereitstellt.

Um die Unterschiede der beiden Signale zu diskutieren, wird das Bild 49 herangezogen. Es zeigt oben einen Verlauf des Steuerknüppels am Sender. Dieser wird gleichmäßig zuerst von links nach rechts und anschließend wieder nach links bewegt. Es wird weiter angenommen, dass diese Bewegung genügend langsam ausgeführt wird, sodass die Servos genügend Zeit erhalten, sie auch nachzumachen.

Die Bewegung des Servos, welcher nach einer Übertragung mit einem PPM-Signal angesteuert wird, ist ganz leicht verrauscht. Das Ruderhorn befindet sich also jeweils nicht ganz genau in der Position, in welcher es nach der Knüppelstellung des Senders sein sollte. Das ist in der Darstellung aber aus Gründen der besseren Illustration stark übertrieben dargestellt. In der Praxis ist das Rauschen und damit der Fehler wesentlich kleiner als in Bild 49. Dies kommt wie bereits besprochen davon, dass eben die Länge der einzelnen Pulse nicht ganz genau erzeugt, übertragen und ausgewertet wird. Immerhin ist die Position jedoch immer einigermaßen ähnlich zur Knüppelstellung.

Bei der Übertragung mit einem PCM-Signal entspricht die Position des Servos wesentlich genauer der Knüppelstellung im Sender. Das Signal ist ja codiert. Deshalb wird die Knüppelposition des Senders bei der Auswertung genau wiedergegeben. Im Gegensatz zu der Übertragung mit dem PPM-Signal bemerkt der Empfänger einen Übertagungsfehler, da er ja die Prüfbits auswertet. In unserem Bild wurde das Verhalten bei Übertragungsfehlern an drei Orten dargestellt. Auch diese kommen in der Praxis wesentlich seltener vor, als es hier eingezeichnet ist. Bei einem detektierten Fehler kann der Empfänger je nach Konfiguration in die ‚Hold'-Funktion übergehen. Der Servo erhält in diesem Falle solange dasselbe Signal, bis der Empfänger wieder ein Signal auswertet, dessen Prüfbits mit seinem eigenen berechneten übereinstimmen. Im Bild sind das dann diese Ecken und in der Praxis heißt das, dass der Servo für eine kurze Zeit stehen bleibt und dann zu der Position springt, welche dem gesendeten Signal entspricht.

Über die Frage, welches der beiden Übertragungssignale für den Modellbau in der Praxis besser geeignet ist, streiten sich die Experten so lange, seit es diese gibt. Das PPM-Signal hat den Nachteil, dass die Servoposition etwas verrauschter ist, dafür wird der Servo immer etwa in der gewünschten Stellung bleiben, solange ein auswertbares Signal beim Empfänger ankommt. Bei einem PCM-Signal ist die Servoposition zwar weniger verrauscht, bei einer Hold-Funktion weicht diese jedoch markant vom gesendeten Signal ab.

Während PCM von den Herstellern unterschiedlich umgesetzt wird, wird das PPM-Signal nach Bild 45 immer ähnlich übertragen. Bei den MHz-Fernsteuerungen waren deshalb Sender und Empfänger verschiedener Hersteller fast immer über PPM-Signale kompatibel.

Um die Signale jedoch übertragen zu können, sind immer weitere Modulationen im Hochfrequenzbereich nötig. Wie die nächsten Unterkapitel zeigen werden, sind die Übertragungsmöglichkeiten der 2,4-GHz-Fernsteuerungen sehr vielfältig. So kann man fast von verschiedenen Übertragungs-Philosophien sprechen, welche die einzelnen Hersteller verfolgen. Aus diesem Grunde sind die Sender und Empfänger der unterschiedlichen Marken meistens nicht oder allgemein viel weniger kompatibel untereinander, als das bei den MHz-Fernsteuerungen der Fall war. Da also die Kompatibilität sowieso nicht mehr gegeben ist, spielt es auch keine Rolle, gleich von Beginn weg PCM einzusetzen. Somit werden heute bei den meisten Fernsteuerungen in der 2,4-GHz-Technologie die PCM-Signale eingesetzt.

5.2 Hochfrequenz, ASK, FSK und PSK

PPM- und PCM-Signale genügen alleine jedoch noch nicht, um ein Fernsteuerungssignal zu übertragen.

Wie schon in Kapitel 3.1 besprochen wurde, werden elektromagnetische Wellen aus sinusförmigen Wechselspannungen mit der entsprechenden Frequenz erzeugt. PPM und PCM sind so genannte Basisband-Modulationen. Das heißt, dass diese Signale noch nichts mit der Übertragung bei 2,4 GHz zu tun haben, sondern erst eine Vorbereitung für diese darstellen. Die PPM- und PCM-Signale heißen auch deshalb Basisband-Signale. Wie man leicht aus den Bildern 45 und 47 entnehmen kann, bestehen sie nur aus zwei Zuständen, 0 und 1. Eine andere Bezeichnung dafür ist auch ‚binär'. Diese Basisband-Signale werden jetzt mit so genanntem binären ‚Shift-Keying' auf das hochfrequente Trägersignal aufmoduliert. Dabei wird für die Übertragung entweder die Amplitude, die Frequenz oder die Phase verändert. Wie das genau funktioniert und welche Verfahren dabei angewendet werden, zeigen die drei Unterkapitel ASK, FSK und PSK. Diese drei Verfahren sind alle digitale Modulationsarten.

5.2.1 ASK, Amplitudenumtastung

ASK ist eine Abkürzung für den englischen Begriff ‚Amplitude Shift Keying'. Die im letzten Kapitel behandelten PPM- oder PCM-Signale werden in Bild 50 als codierte Signale dargestellt. Bei der Amplitudenumtastung ist jetzt immer bei einer logischen 1 eine sinusförmige Wechselspannung mit der Übertragungsfrequenz im ISM-Band, also irgendwo zwischen 2,4 GHz und 2,48 GHz vorhanden, bei einer logischen 0 ist kein Signal vorhanden. Der

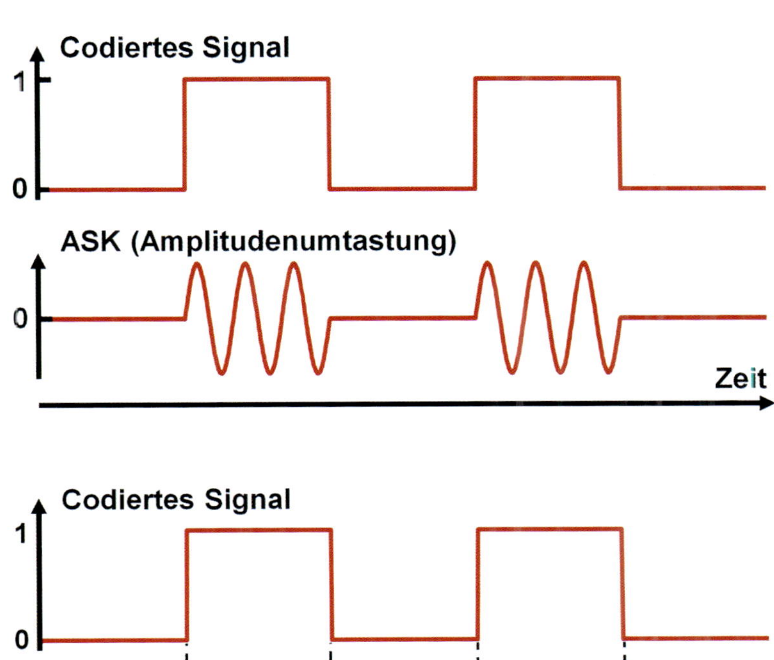

Bild 50:
ASK, Amplitudenumtastung.

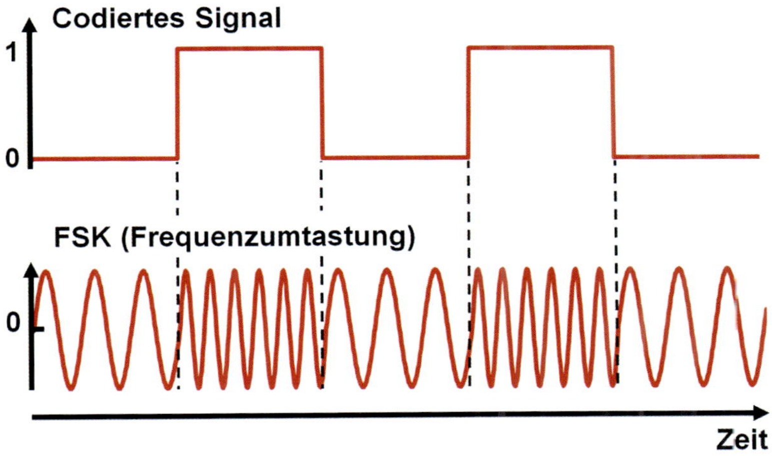

Bild 51:
FSK, Frequenzumtastung.

hier dargestellte Fall wird auch On-Off-Keying (OOK) genannt, weil das Hochfrequenzsignal entweder vorhanden ist oder nicht. Das allererste Beispiel, bei welchem OOK angewendet wurde, war die Übertragung von Morsezeichen. Es gäbe auch noch die Möglichkeit, dass bei einer logischen 0 ein Signal vorhanden wäre, welches zwar dieselbe Frequenz hätte wie bei einer logischen 1, jedoch mit einer geringeren Amplitude. Auch das wäre ASK.

ASK wird bei Modellbaufernsteuerungen heute nur noch sehr selten angewendet. Sie wird hier nur der Vollständigkeit halber und als einfacher Einstieg für die Erklärung von FSK und PSK behandelt. Man kann sich leicht vorstellen, dass ein Funkschatten oder Reflexionen das Signal auch so abschwächen könnten, dass der Empfänger eine logische 0 anstatt einer logischen 1 erkennen würde. Eine praktische Relevanz hat ASK jedoch in anderen Bereichen der Technik, beispielsweise bei der Übertragung von Informationen in Glasfaserkabeln.

5.2.2 FSK, Frequenzumtastung

FSK steht als Abkürzung für ‚Frequency Shift Keying'. Dabei werden die beiden logischen Zustände 0 und 1 mit zwei unterschiedlichen Frequenzen übertragen. Diese liegen ebenfalls beide innerhalb des 2,40 GHz bis 2,48-GHz-Bandes. Bild 51 zeigt den Signalverlauf. Wieder ist oben das codierte Signal dargestellt, es könnte sich um PCM oder PPM handeln. Unten ist dargestellt, was FSK daraus macht.

Diese Übertragungsart ist viel weniger störungsanfällig als das oben besprochene ASK. Durch das in den Kapiteln 5.4 und 5.5 behandelte ‚Binding' weiß der Empfänger auch zu jeder Zeit, auf welchen Frequenzen der Sender im Moment gerade arbeitet. Er muss so nur noch zwischen diesen unterscheiden und kann so einigermaßen störsicher die 0 und die 1 detektieren. Wie daraus dann wieder das PWM-Signal für den Servo entsteht, wurde in Kapitel 5.1 bereits erklärt.

5.2.3 PSK, Phasenumtastung

PSK steht für ‚Phase Shift Keying'. Manchmal wird auch die Abkürzung BPSK verwendet, wobei ‚B' für ‚Binary' steht. Bild 52 zeigt wieder, was PSK mit dem codierten Signal macht.

Die Information steckt hier also in den Phasensprüngen bei den Übergängen von logisch 0 zu logisch 1 und von logisch 1 zu logisch 0. Beim Empfänger läuft die Trägerfrequenz, also die durch das ‚Binding' zwischen Sender und Empfänger verabredete Frequenz zwischen 2,4 GHz und 2,48 GHz mit. Bei der Übertragung einer logischen 0 ist das empfangene Signal gleich wie die Trägerfrequenz, bei einer logischen 1 ist es gleich wie die negative Trägerfrequenz, in der Fachsprache sagt man auch, es habe 180° Phasenverschiebung. Der Empfänger kann die logische 0 oder 1 wieder ziemlich störsicher detektieren und zur weiteren Verarbeitung nach Kapitel 5.1 weitergeben. Zu erwähnen ist hier auch noch DPSK, welches für Differentielles PSK steht. Hier werden die Sprünge nicht aufgrund der zu übertragenden 0 oder 1, sondern aufgrund der Änderung zum vorherigen Bit übertragen. Damit ergibt sich immer bei einer Signaländerung von 0 nach 1 oder von 1 nach 0 auch ein Phasensprung. So kann der Vergleich mit dem Trägersignal wegfallen, sofern die Sprünge immer korrekt detektiert werden.

5.2.4 Weitere Shift-Keying-Modulationen und Hochfrequenzverstärker

In der Praxis wird bei den Fernsteuerungen meistens FSK oder PSK oder eine von diesen Grundtypen abgeleitete Methode angewendet. Es gibt beispielsweise noch QPSK oder 4-PSK. Q steht für ‚Quadratur', es werden dann zu-

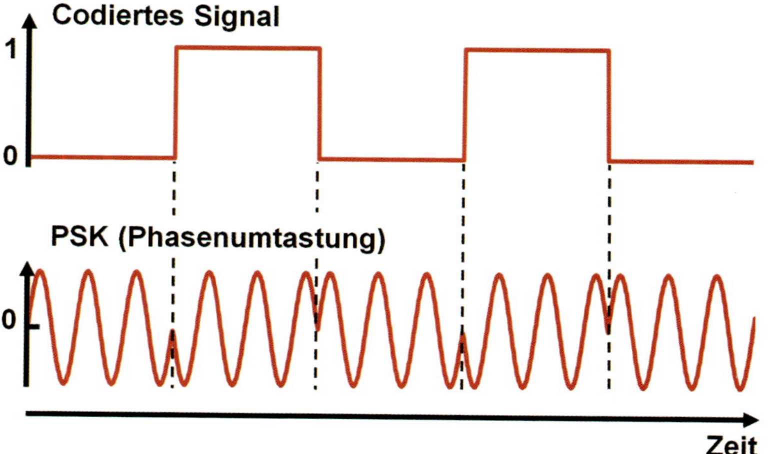

Bild 52: PSK, Phasenumtastung.

sätzlich zu den Phasensprüngen von 180° auch Phasensprünge von 90° und 270° detektiert. Bei FSK gibt es auch 4-FSK, dann werden vier Frequenzen anstelle von zwei übertragen. Damit kann man dann beim codierten Signal nicht nur eine logische 0 oder 1, sondern gleichzeitig eine Abfolge von 00, 01, 10 und 11 übertragen. Das lässt sich auch noch weitertreiben, indem man eine 8-FSK verwendet.

Um noch etwas tiefer in die Details zu gehen, muss an dieser Stelle noch erwähnt werden, dass es eigentlich mit der oben erwähnten Signalaufbereitung zu den 2,4-GHz-Frequenzen noch nicht ganz getan ist. Es wird noch ein Verstärker benötigt, welcher die Amplitude der sinusförmigen Signale entsprechend verstärkt, damit die Antenne die elektromagnetischen Wellen mit der nötigen Leistung abstrahlen kann.

5.3 Spread-Spectrum-Technik, Spreizbandtechnik

Die Spreizbandtechnik, oder auf Englisch ‚Spread-Spectrum-Technik' stellt den eigentlichen Kern der Übertragung im 2,4-GHz-Bereich dar. Die beiden nächsten Kapitel, ‚Frequency Hopping Spread Spectrum' und ‚Direct Sequence Spread Spectrum' sind zwei in der modernen Fernsteuertechnik häufig anzutreffende Varianten davon. Obwohl in diesem Buch weitgehend von komplizierten Formeln abgesehen wird, soll doch wenigstens eine phänomenologisch beschrieben werden, um die Idee hinter ‚Spread Spectrum' zu verstehen. Der maximale Informationsgehalt einer Nachricht lässt sich beschreiben als:

Informationsmenge =
Bandbreite × Signaldauer × Dynamik

Die einzelnen Komponenten der Formel sollen an dieser Stelle mit einigen allgemein verständlichen Parallelen aus der Praxis erklärt werden. Da Bandbreite, Signaldauer und Dynamik miteinander multipliziert werden, sind sie gleichwertig und können einzeln behandelt werden.

5.3.1 Bandbreite

Die Bandbreite ist zunächst ein sehr abstrakter Begriff. Liest man noch einmal das Kapitel 1.3 ‚Von der MHz- zur GHz-Übertragung' und dort den Unterpunkt ‚Frequenztabellen', so sieht man, dass die Kanäle der MHz-Fernsteuerungen in 10-kHz-Schritten hochgezählt werden. Der Unterpunkt ‚Der Weg zur 2,4-GHz-Fernsteuerung' besagt, dass bei der 2,4-GHz-Technologie das ISM-Band (Industrial, Scientific, Medical) zur Verfügung steht, welches die Frequenzen von 2,400 GHz bis 2,483 GHz beinhaltet. Also beträgt die Bandbreite eines Kanals der MHz-Fernsteuerungen 10 kHz (10.000 Hz) und bei den 2,4-GHz-Steuerungen:

2,483 GHz – 2,40 GHz =
0,083 GHz = 83 MHz = 83.000.000 Hz.

Das gesamte ISM-Band stellt also viel mehr Bandbreite zur Verfügung, als es bei der MHz-Fernsteuerung der Fall war. Somit kann nach der obigen Formel eine viel größere Informationsmenge übertragen werden.

Als Beispiel sei hier die Übertragung mit Morsezeichen im Vergleich mit der Sprache von uns Menschen erwähnt. Ein Morsesignal ist im Vergleich mit Kapitel 5.1 ein ASK oder OOK-Signal (Amplitude Shift Keying oder On-/Off-Keying). Da es eigentlich aus einem unterbrochenen Sinussignal auf einer einzigen Frequenz besteht, ist es ziemlich schmalbandig. Es führt deshalb nach der obigen Formel auf eine relativ tiefe Informationsmenge. Die menschliche Sprache funktioniert nicht nur bei einer einzigen Frequenz, sondern in einem Frequenzbereich. Das Telefon überträgt von etwa 300 Hz bis 3.000 Hz. In diesem Bereich ist die menschliche Sprache sehr gut verständlich. Die Bandbreite ist somit 3.000 Hz – 300 Hz, also

1.700 Hz. Diese Bandbreite ist deutlich höher als bei den Morsezeichen. Somit führt sie nach der obigen Formel auch auf eine größere Informationsmenge.

5.3.2 Signaldauer

Das obige Beispiel kann jetzt gleich mit der Signaldauer ergänzt werden. Diese geht wie die Bandbreite als Faktor zur Berechnung der Informationsmenge in die obige Formel ein. Um dieselbe Informationsmenge zu übertragen, muss das Signal länger dauern, wenn es mit schmalbandigen Morsezeichen übertragenen wird, als wenn es durch die breitbandigere menschliche Sprache übertragen wird. Das leuchtet ein, denn eine Wortfolge mit der Informationsmenge ‚Hallo Welt' kann man innerhalb von etwa einer Sekunde aussprechen, wird sie mit Morsezeichen übertragen, dauert dies mehrere Sekunden, also deutlich länger. Zusammengefasst ergibt das den folgenden Merksatz:

Bei Morsezeichen ist die Bandbreite klein, deshalb muss die Signaldauer für die Übertragung einer bestimmten Informationsmenge länger sein. Bei der menschlichen Sprache ist die Bandbreite größer, deshalb ist die Signaldauer für die Übertragung einer bestimmten Informationsmenge kürzer.

Im Zusammenhang mit der Spread-Spectrum-Technik im Titel heißt das:

Nutzen wir doch möglichst die ganze Bandbreite von 2,40 GHz bis 2,48 GHz aus!

5.3.3 Dynamik

Es fehlt in der obigen Formel noch der letzte Faktor, nämlich die Dynamik. Sie ist ein Maß dafür, wie groß der Leistungsunterschied zwischen dem gesendeten Signal und den immer vorhandenen Störungen ist. Da die Störungen vereinfachend immer als ähnlich groß angenommen werden, ist die Dynamik also ein Maß dafür, wie groß die Leistung des gesendeten Signals ist.

Auch das kann man gut anhand eines Beispiels aus der Praxis besprechen. Dazu soll in der obigen Formel die Signaldauer gleich bleiben und weniger Dynamik, also weniger Leistung mit mehr Bandbreite kompensiert werden, dazu betrachten wir Bild 53.

Noch einmal soll hier die Formel,

Informationsmenge =
Bandbreite × Signaldauer × Dynamik,

dieses Mal anhand eines Verkehrsflusses erklärt werden. Die Informationsmenge sind hier die vier roten Kisten, welche oben gemeinsam auf einem Lastwagen und unten auf vier kleine Autos verteilt transportiert werden. Im oberen und im unteren Bild wird also insgesamt dieselbe In-

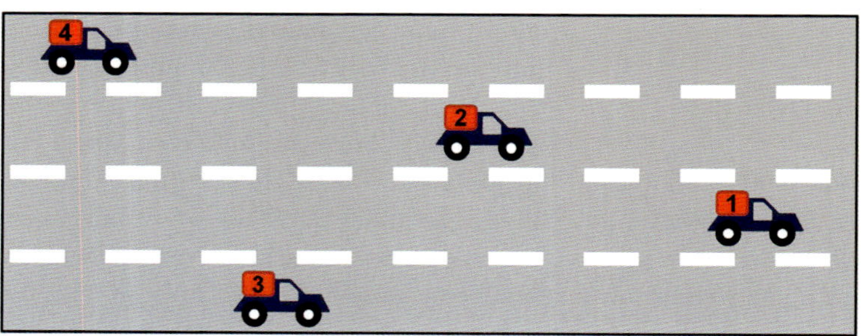

Bild 53: Oben: schmalbandig, viel Leistung pro Lastwagen, unten: breitbandig, wenig Leistung pro Auto.

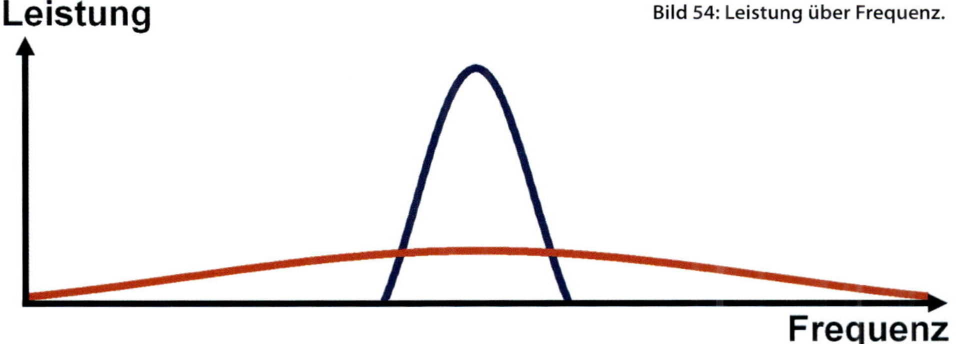

Bild 54: Leistung über Frequenz.

formationsmenge transportiert. Die Signaldauer ist die Zeit, während welcher die Fahrzeuge vom linken bis zum rechten Bildrand unterwegs sind, bei einer Beschränkung auf Tempo 80 km/h sind die Fahrzeuge also im oberen und im unteren Bild ebenfalls gleich lang unterwegs. Die Bandbreite wird von der Breite der Fahrbahn repräsentiert. Oben hat es nur eine einspurige Straße, was also einer kleinen Bandbreite entspricht. Unten hat es eine vierspurige Autobahn, was demnach die große Bandbreite darstellt.

Die Dynamik oder vereinfachend die Leistung wird durch die Fahrzeuge repräsentiert. Oben wird die (schmalbandige) einspurige Straße von einem Lastwagen befahren, welcher mit einer höheren Leistung alle vier Kisten gleichzeitig transportiert. Unten wird die (breitbandige) vierspurige Autobahn von vier Autos befahren, welche mit je einer kleineren Leistung je vier Kisten transportieren. Das ist Spread-Spectrum-Technik!

Das Bild 54 zeigt diesen Zusammenhang noch etwas technischer in einem im Zusammenhang mit Spread Spectrum oft gesehenen Leistungs-/Frequenzdiagramm.

Der Lastwagen, welcher die vier Kisten gemeinsam mit einer großen Leistung auf einer einspurigen Straße transportiert, entspricht der blauen, schmalen und höheren Kurve. Die vier Autos, welche die Kisten mit je einer kleinen Leistung auf der vierspurigen Autobahn transportieren, entsprechen der roten breiteren und auch flacheren Kurve. Diese rote Kurve ist Spread-Spectrum-Technik, Spreizandtechnik! Genau genommen ist die Leistung der beiden Kurven insgesamt aber dieselbe. Sie ist bei der roten Kurve einfach auf einen größeren Frequenzbereich verteilt. Bei der roten Kurve ist aber die Leistungsdichte klein, sie hat keinen Peak wie die blaue Kurve, sondern ist breiter und weniger hoch.

Auch das kann man mit dem Beispiel des Verkehrsflusses und dem Bild 53 beschreiben. Oben ist die Straße schmal und der einzige Lastwagen hat eine große Leistung, unten ist die Straße breit und die Autos haben je eine kleinere Leistung. Zählt man die Leistungen der vier Autos jedoch zusammen, sind sie insgesamt gleich groß wie diejenige des Lastwagens. Mit einem kurzen Merksatz beschrieben heißt das:

Spread-Spectrum-Technik heißt, weniger Leistungsdichte, dafür mehr Bandbreite zu haben.

5.3.4 Eigenschaften von Spread-Spectrum-Technik, Spreizbandtechnik

Jetzt ist auch klar, weshalb diese Technik Spreizbandtechnik heißt. Wie im Bild dargestellt ist, wird der Frequenzbereich breitbandig gemacht, also gespreizt. Dafür ist die Leistung bei allen Frequenzen, also die Leistungsdichte, kleiner. Zuvor haben wir die relativ breitbandige menschliche Sprache mit der schmalbandigen Übertragung mit Morsezeichen verglichen. Noch einmal auf Bild 54 bezogen, würde also die menschliche Sprache mit der roten, die Übertragung mit Morsezeichen mit der blauen Kurve verglichen. Da die Leistungsdichte der roten Kurve ja über den ganzen Frequenzbereich eher klein ist, könnte man die rote Kurve, die Spread-Spectrum-Technik also, auch mit einer Sprachkommunikation im Flüsterton vergleichen.

Wenn man einmal beim Vergleich mit dem Flüsterton bleibt, können auch noch weitere interessante Eigenschaften der Spreizbandtechnik besprochen werden. Möchte man beispielsweise ein Signal mit Morsezeichen übertragen und es sei beispielsweise ein Störsignal vorhanden, welches ungefähr auf der Frequenz des Morsesignals sendet, so ist die Nachricht mit dieser Übertragungsart nicht übertragbar, oder man könnte nach Bild 53 auch sagen, der Lastwagen kippt mit seiner ganzen Ladung von vier Kisten um und sie kommen nie am Ende der Straße an. Bei der Übertragung mit Flüsterton stört das Signal nur einen Teil der Nachricht, oder nach Bild 53 kippt nur eines der Autos mit seiner Kiste um, während die restlichen mit ihren Kisten immer noch am Ende der Straße ankommen. Die Information kann allenfalls trotzdem rekonstruiert werden, man vergleiche das beispielsweise mit dem Hören einer Flüsterstimme mit einem Hörschaden, beispielsweise einem Tinnitus, bei welchem ein permanentes Pfeifgeräusch wahrgenommen wird.

Bis hierher ist die Frage, weshalb man die 2,4-GHz-Fernsteuerungen einfach einschalten kann und ohne Frequenzabsprache jede Fernsteuerung mit ihrem Empfänger kommunizieren kann, immer noch ungeklärt.

Aber die Antwort ist sehr nahe! Auf dem ISM-Band von 2,40 GHz bis 2,48 GHz übertragen sehr viele moderne Kommunikationsmittel ihre Daten. Nimmt man beim Flüstervergleich an, dass sich in einem Raum viele Personen befinden, welche je paarweise in einer unterschiedlichen Sprache flüstern, auf Deutsch, auf Englisch oder auf Chinesisch, so funktioniert die Kommunikation. Der Deutsche konzentriert sich auf den Deutsch sprechenden, der Engländer konzentriert sich auf den Englisch sprechenden und der Chinese konzentriert sich auf den Chinesisch sprechenden. Auf Fernsteuerungen bezogen heißt das nichts anderes als – Binding! Der Empfänger stellt sich auf die Sprache des Senders ein.

Das waren jetzt einige Vergleiche der Spreizbandtechnik mit Beispielen aus dem täglichen Leben. Die nächsten beiden Kapitel werden zeigen, wie sie technisch bei den 2,4-GHz-Fernsteuerungen tatsächlich umgesetzt wird.

5.4 Frequency Hopping Spread Spectrum, FHSS

FHSS wird in der Literatur häufig wie in Bild 55 dargestellt. Die vierspurige Autobahn nach Bild 53, welche ja bildlich ebenfalls eine große Bandbreite darstellt, wird hier im technischen Sinne den Frequenzen von 2,40 GHz bis 2,48 GHz gegenübergestellt. Schaut man sich einmal die rote Abfolge an, arbeitet die Fernsteuerung zu Beginn, also in der ersten Spalte, in einem Frequenzbereich in der Nähe von 2,48 GHz, dann arbeitet sie in der zweiten Spalte bei einer tieferen Frequenz, etwa 2,42 GHz, danach etwa bei 2,40 GHz. Der Frequenzbereich hüpft oder auf Englisch ‚is hopping' in einer festen dargestellten Abfolge durch den gesamten Frequenzbereich des ISM-Bandes.

Während des Binding-Vorganges teilt der Sender dem Empfänger die Abfolge der roten Frequenzen mit. Ist die Sequenz auf der letzten Spalte angekommen, springt sie wieder auf den Beginn, also auf die erste. In der Praxis gibt es selbstverständlich viel mehr rote Kästchen als dargestellt. Einerseits sind die Sequenzen tatsächlich wesentlich länger als sechs Spalten. Andererseits gibt es auch auf der Frequenz-

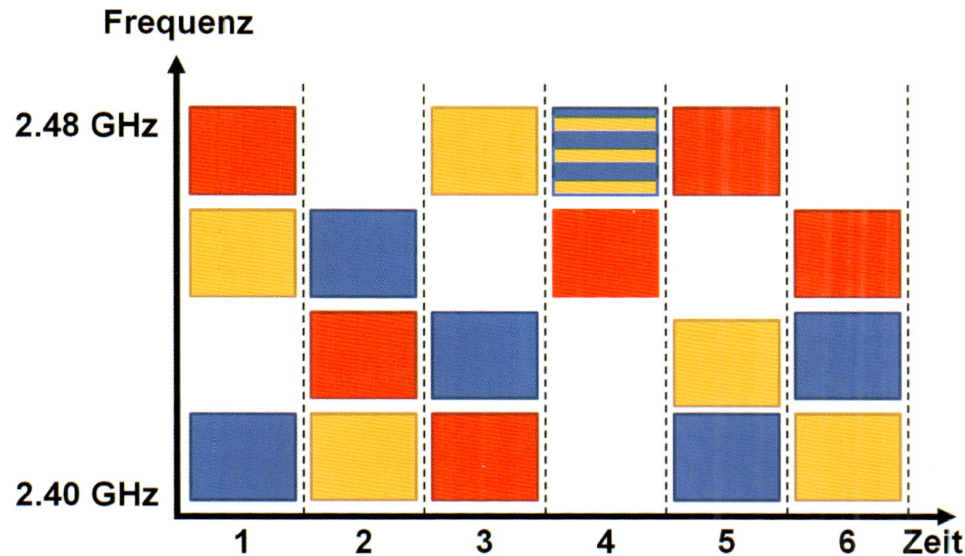

Bild 55: FHSS Frequency Hopping Spread Spectrum.

achse viel mehr als nur die vier dargestellten Frequenzbereiche, welche hier bildlich nur die vierspurige Autobahn darstellen. In praktisch realisierten Fernsteueranlagen gibt es meistens mindestens um die 30 bis 300 verschiedene Frequenzbereiche. Auf ihnen wird nur während einer sehr kurzen Zeit im Millisekunden-Bereich gesendet und empfangen, bevor der Sender und der Empfänger gleichzeitig die Frequenz wieder wechseln.

5.4.1 Technische Umsetzung

Bei den heute eingesetzten Fernsteuerungen gibt es eine Vielzahl von Möglichkeiten, wie FHSS umgesetzt werden kann. Stellvertretend soll hier ein Beispiel diskutiert werden. Oftmals wird das codierte Signal zuerst nach Bild 51 mit FSK moduliert. Ein Frequenzsynthesizer sorgt dann anschließend dafür, dass diese Signale mit der FHSS Sequenz auf den Hochfrequenzverstärker und danach zum Empfänger übertragen werden. Dieser macht in diesem Falle mit derselben Sequenz zuerst ein Dehopping zu einem FSK-Signal und dann eine FSK-Demodulation zum codierten Signal. Anschließend wird es zum PWM-Signal für die Ansteuerung der Servos umgewandelt.

5.4.2 Paralleler Betrieb von mehreren Fernsteuerungen

Die orangen Kästchen stellen die Abfolge der Frequenzen einer anderen Fernsteuerung dar. Beim Binding teilt der Sender diese auch hier seinem Empfänger mit. Es ist ersichtlich, dass die Fernsteuerungen mit den roten und den orangen Sequenzen zu keiner Zeit auf derselben Frequenz senden und empfangen. Die beiden Sender mit ihren durch das Binding zugehörigen Empfängern funktionieren also zu jeder Zeit störungsfrei.

Etwas spezieller wird es, wenn noch eine gedachte blaue Sequenz mit einem dritten Sender und Empfänger dazukommt. Hier ist es jetzt so, dass in der vierten Spalte zufällig sowohl der orange als auch der blaue Sender auf etwa 2,48 GHz senden. Beide Empfänger werden jetzt nicht das richtige Signal erhalten, da die beiden Sender einander stören. Im Gegensatz zu den MHz-Steuerungen, bei welchen die beiden Sender bei gleichem Kanal immer auf der gleichen Frequenz senden würden und somit auch immer eine Störung vorhanden wäre, ist das bei der 2,4-GHz-Technologie mit FHSS jedoch nicht weiter tragisch. Wie oben erwähnt, wechseln der orange und der blaue Sender mit ihren Empfängern ja nach nur wenigen Millisekunden wieder auf andere Frequenzen, auf welchen sie ungestört kommunizieren können. Wie bereits bei der Diskussion der vierspurigen Autobahn in Bild 53 besprochen, ist das so, wie wenn eine der Kisten mit Information verlorengeht. In der Praxis ist aber der Informationsverlust aufgrund der Kürze der Verweildauer auf einer bestimmten Frequenz und der Tatsache, dass auf vielen verschiedenen Frequenzen gehüpft wird, sehr klein. Deshalb erhält sowohl der orange, als auch der blaue Empfänger immer noch (fast) die vollständige Information. Beide sind somit also immer noch in der Lage, ihre Servos, Motorenregler und weitere Peripherie zuverlässig anzusteuern.

5.4.3 Risiken beim parallelen Betrieb mit vielen Fernsteuerungen

In den meisten Bedienungsanleitungen von 2,4-GHz-Fernsteueranlagen weisen die Hersteller jedoch schon darauf hin, dass die Signalqualität schlechter wird, wenn sehr viele Sender am selben Ort mit ihren jeweiligen Empfängern kommunizieren. Dies hat damit zu tun, dass dann immer mehr Frequenzsequenzen parallel vorkommen und somit eben auch die Wahrscheinlichkeit für eine Frequenzkollision anwächst, wie es im Bild bei der orangen und der blauen Sequenz dargestellt wird. Meistens wird jedoch darauf hingewiesen, dass es wohl eher der Luftraum, der See oder die Rennpiste ist, welche aufgrund der begrenzten Größe nur den gleichzeitigen Betrieb einer maximalen Anzahl von Modellen zulässt.

Das ISM-Band ist schließlich, wie zu Beginn dieses Buches besprochen, nicht nur für die Fernsteuerungen alleine zugelassen. Auch andere Kommunikationssysteme wie beispielsweise das drahtlose Internet arbeiten mit der Spreizbandtechnik. Auch hier gilt, dass die Signalqualität durch eine wachsende Anzahl von Geräten grundsätzlich sinkt, weil die zufälligen Kollisionen und damit die Störungen zunehmen.

5.4.4 Der Vergleich mit den Flüsterstimmen

In Kapitel 5.3 wurde die Spread-Spectrum-Technik mit dem Flüsterton der menschlichen Sprache verglichen. Dass Flüstern einer kleineren Leistung entspricht, ist auch im technischen Vergleich so. Die verschiedenen Sprachen, Deutsch, Englisch oder Chinesisch, entsprechen bei FHSS der roten, orangen oder blauen Sequenz. Beim Binding muss der Empfänger also die Sequenz lernen, Binding würde beim Menschen entsprechend heißen, dass er Deutsch, Englisch oder Chinesisch lernen muss, um die verschiedenen Flüsterstimmen im Raum verstehen zu können.

5.5 Direct Sequence Spread Spectrum, DSSS

Auch zu Beginn der Ausführungen einer anderen Technologie, nämlich DSSS, soll der Flüsterton als Vergleich herangezogen werden. Auch hier wird mit Spread-Spectrum-Technik gearbeitet, die Umsetzung ist jedoch unterschiedlich im Vergleich zu FHSS.

Das Bild 56 zeigt noch einmal die PSK-Modulation, welche schon im Kapitel 5.2 behandelt wurde. Würde man diese mit dem Signal einer Flüsterstimme vergleichen, so würde man zweifellos feststellen, dass ein solches eine wesentlich kompliziertere Struktur aufweist als die hier dargestellte PSK-Modulation. Nur schon daran ließe sich erkennen, dass die Flüsterstimme wesentlich mehr Informationen enthält. So

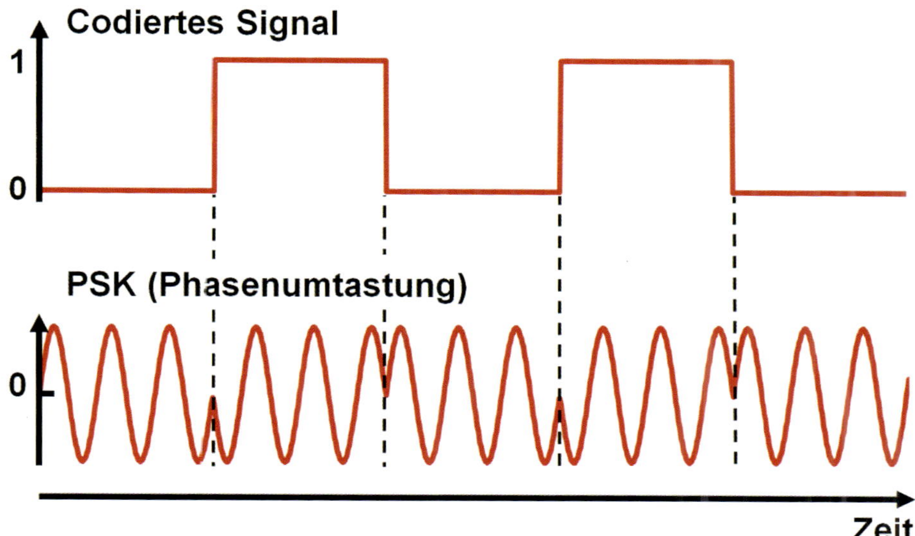

Bild 56: Codiertes Signal und dessen PSK-Modulation.

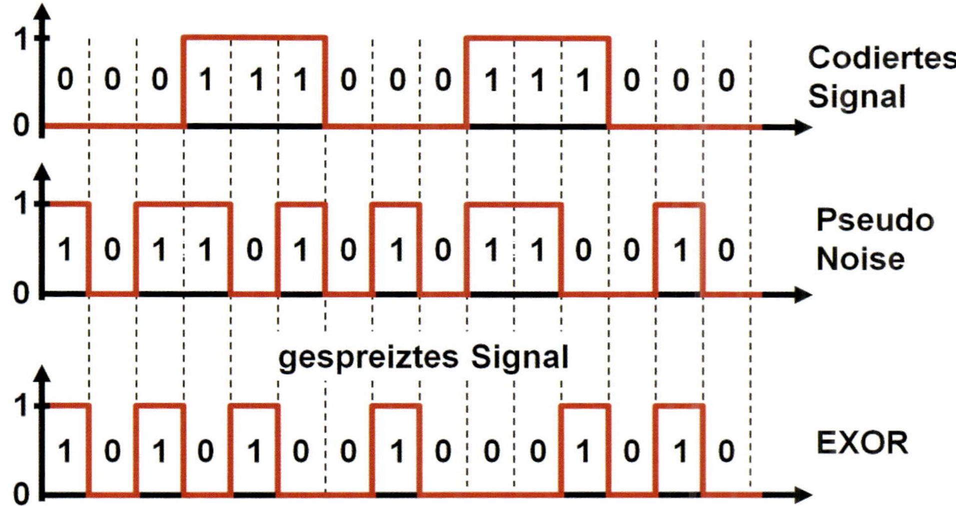

Bild 57: Herstellung des gespreizten Signals im Sender.

wurde bei DSSS nach Möglichkeiten gesucht, eine komplexere Signalstruktur zu erzielen. Das Bild 57 zeigt, wie das zuoberst dargestellte codierte Signal mit einem sogenannten Pseudo Noise verknüpft wird. Pseudo Noise heißt auf Deutsch etwa so viel wie ‚imitiertes Rauschen'. Es ist in der Praxis eine festgelegte Abfolge von Nullen und Einsen, und diese wechseln häufiger, als das codierte Signal. Das codierte Signal und das Pseudo Noise werden jetzt mit einer EXOR-Funktion verknüpft. Das heißt, dass das Resultat nur dann gleich 1 ist, wenn eines der

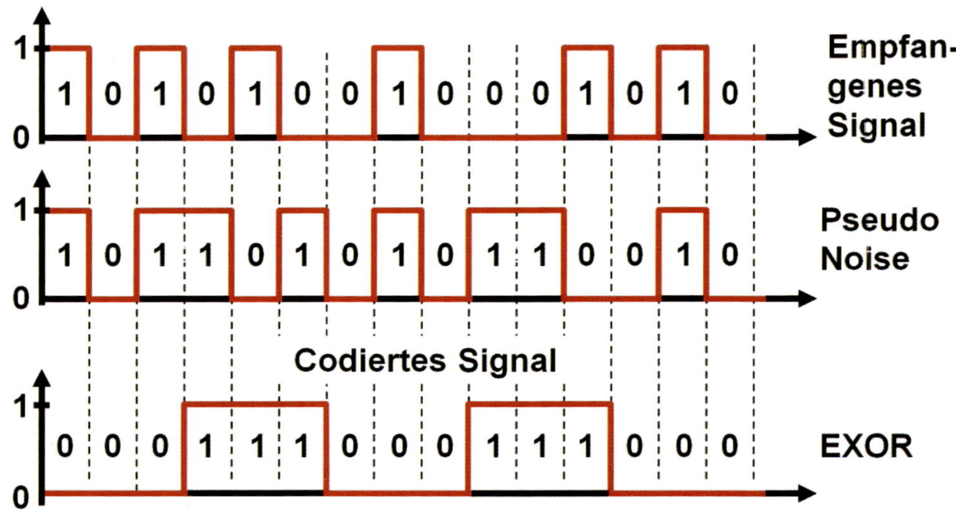

Bild 58: Wiederherstellung des codierten Signals im Empfänger.

beiden Signale gleich 1 und das andere gleich 0 ist. Sind beide Signale gleich 0 oder gleich 1, ist das Resultat immer gleich 0.

Es wird an dieser Stelle davon abgesehen, Signaltheorie zu betreiben. Wenn man jedoch die Bandbreite des obersten Signals mit derjenigen des untersten Signals vergleichen würde, so ließe sich zeigen, dass das untere eine deutlich größere Bandbreite besitzt. Durch die EXOR-Verknüpfung des ursprünglichen Signals mit dem Pseudo Noise ergibt sich ein gespreiztes Signal. Also entspricht diese Verknüpfung ebenfalls der Spread-Spectrum-Technik.

Jedenfalls ist schon beim Beispiel im Bild zu erkennen, dass das gespreizte Signal unten eine komplexere Struktur aufweist und schon etwas näher an der Flüsterstimme ist, als das obere Signal. Auch hier gibt es wieder viele Möglichkeiten zur Hochfrequenzerzeugung, als Beispiel könnte auch PSK verwendet werden.

Im Empfänger würde dann zuerst wieder eine PSK-Demodulation vorgenommen. Um das ursprüngliche codierte Signal wiederherzustellen, muss jetzt auch der Empfänger die genaue Abfolge von 1 und 0 beim Pseudo Noise kennen. Beim Binding mit DSSS teilt also der Sender dem Empfänger diese Abfolge mit. Direct Sequence Spread Spectrum heißt also etwa so viel, dass die Sequenz hier direkt mit dem Signal verknüpft wird. Wenn man das empfangene Signal wieder mit dem Pseudo Noise verknüpft und wie oben wieder EXOR anwendet, erhält man wieder das ursprüngliche codierte Signal. Das wird in Bild 58 dargestellt. Dieses kann nun wieder so weiterverarbeitet werden, dass die Servos die richtigen PWM-Signale erhalten.

Die Abfolge von 1 und 0 des Pseudo Noise wechselt in den Bildern 57 und 58 dreimal schneller als diejenige vom ursprünglich codierten Signal. Es ließe sich mit Signaltheorie zeigen, dass so auch die Bandbreite des gespreizten Signals gegenüber dem codierten Signal um den Faktor drei anwächst. In der Praxis wechselt das Pseudo Noise wesentlich häufiger, was auch auf eine wesentlich komplexere Signalstruktur führt. Dann sind auch die Bandbreite und mit dieser der Informationsgehalt des gespreizten Signals wesentlich höher.

5.6 Kombination von FHSS und DSSS und weitere Begriffe

Die Sendeleistungen von FHSS und DSSS werden im nächsten Unterkapitel 5.7 ‚Normen und Gesetze zur 2,4-GHz-Technologie' noch eingehender behandelt. Da beide Varianten aufgrund ihrer Eigenschaften in der Signaltheorie verschiedene Vor- und Nachteile aufweisen, lässt es sich nicht sagen, welche für Fernsteuerungen im Modellbau besser geeignet ist. In den Kapiteln 5.4 und 5.5 wurden sie zudem idealisiert behandelt. In der Praxis baut jeder Hersteller noch spezielle Eigenschaften ein, etwa eine spezielle Frequenzfolge oder die Anzahl Kanäle bei FHSS oder die Pseudo-Noise-Sequenz bei DSSS. Auch Kombinationen von beiden werden häufig eingesetzt. So ist es beispielsweise möglich, das codierte Signal zuerst mit DSSS nicht ganz so stark zu spreizen und danach FHSS zu benützen. Auch den umgekehrten Weg könnte man gehen, indem zuerst ein FHSS und danach ein DSSS eingesetzt wird.

Bei Diversity-Systemen mit zwei je vollständigen Sende- und Empfangseinheiten inklusive je zwei Antennen ist es durchaus auch denkbar, zwei verschiedene Frequenzfolgen bei FHSS und zwei verschiedene Pseudo-Noise-Sequenzen für DSSS zu verwenden. Dadurch wird die Übertragungssicherheit zusätzlich verbessert.

Im Modellbau haben viele Hersteller eigene Begriffe für die von ihnen eingesetzte Technologie definiert. Diese basieren jedoch immer entweder auf FHSS, DSSS oder auf Kombinationen davon. Beispiele hierfür sind: AFHSS (Advanced FHSS), DMSS (Dual Modulation Spectrum System), DSM2 (Digital Spectrum Modulation 2), DSMX (Digital Spectrum Modulation X), FASST (Futaba Advanced Spread Spectrum Technology), FHSS-4T oder S-FHSS.

5.6.1 Kompatibilität der Systeme

Bei Fernsteuerungen, welche im MHz-Bereich und mit PPM arbeiten, kann man die Sender und Empfänger von verschiedenen Herstellern fast beliebig miteinander kombinieren. Man muss nur dafür sorgen, dass beide mit demselben Quarzpaar ausgestattet sind. Der mit TX angeschriebene Quarz ist für den Sender, RX für den Empfänger bestimmt.

Die ganz unterschiedlichen möglichen Modulationsarten im 2,4-GHz-Band können auf viele Arten zusammengefügt werden. Deshalb ist es oftmals nicht möglich, unterschiedliche Fabrikate bei Sendern und Empfängern miteinander einzusetzen. Es gibt jedoch Hersteller, welche ihre Systeme zu anderen kompatibel ausführen. Somit muss man beim Kauf von Sendern und Empfängern unbedingt auf die Kompatibilität achten.

5.7 Normen und Gesetze zur 2,4-GHz-Technologie

Da sich die Fernsteuerungen das ISM-Band von 2,400 GHz bis 2,483 GHz mit vielen anderen Teilnehmern teilen, bedarf es bestimmter Regeln, dass diese einander nicht stören. Zu Beginn soll noch einmal der Vergleich mit den Flüsterstimmen herangezogen werden. Wenn sich in einem Raum viele Personen befinden, welche jeweils paarweise dieselbe Sprache sprechen, dann können sie sich nur dann einigermaßen gut verständigen, wenn alle gleich leise flüstern. Auf die Technik übertragen heißt das dann, dass alle mit derselben Leistung ‚senden'.

Wenn sich ein Paar nicht an die Regeln hält und die Worte ruft anstatt flüstert, dann kann es selbst besser gegenseitig kommunizieren. Technisch gesprochen, sendet es also mit einer höheren Leistung. Das geht dann jedoch auf Kosten aller anderen Paare im Raum. Diese verstehen sich dann umso schlechter, oder im schlimmsten Fall gar nicht mehr. Dieses Beispiel zeigt anschaulich was es heißt, wenn eine Fernsteuerung oder ein anderes Kommunikationssystem im ISM-Band mit einer höheren Leistung sendet.

5.7.1 Die Normen EN 300328 und EN 300440

Kurz zusammengefasst, erlaubt die Norm EN 300328 bei Systemen mit Frequency-Hopping eine maximale Sendeleistung von 100 mW, mit gewissen Einschränkungen, welche später besprochen werden. Die Norm EN 300440 hingegen erlaubt eine maximale Sendeleistung von 10 mW, ohne weitere Einschränkungen. Mit der Senderleistung ist die Strahlungsleistung einschließlich des Antennengewinns gemeint. Der Fachbegriff dafür ist EIRP (equivalent isotropically radiated power) oder auf Deutsch die äquivalente isotrope Sendeleistung.

Somit muss also die Eingangsleistung des Hochfrequenzverstärkers bei der Montage einer stärker gerichteten Antenne zurückgefahren werden. Mit der zu Beginn des 21. Jahrhunderts sprunghaften Zunahme der Geräte im ISM-Band gibt es, aber nicht nur deshalb, sehr viel Diskussions- und Handlungsbedarf bei den Normen. Die unterschiedlichen Modulations- und Übertragungsarten und deren Zusammenhang mit diesen beiden Normen, birgt großes Konfliktpotenzial in sich. Selbstverständlich gab es Hersteller, welche sich nach der einen oder der anderen EN-Norm richteten, die sich wegen der unterschiedlich definierten Sendeleistungen benachteiligt fühlten. Es sind jedoch nicht nur die Hersteller der Fernsteuerungen involviert, sondern diejenigen aller Geräte auf diesem Frequenzband. Letztlich geht es immer um die bereits diskutierte ‚Flüsterfrage': ist die Übertragung mit der eigenen angewandten Technik genügend sicher, wenn die anderen Übertragungstechniken ebenfalls gleichzeitig auf diesem Band senden? Oder: Halten die Übertragungstechniken der anderen Hersteller diese Normen richtig ein? Oder ganz einfach ausgedrückt: ist die Flüsterstimme der anderen Technologie leise genug, damit sie die eigene Übertragung nicht stört? Es wurden und werden nun verschiedene Anstrengungen unternommen, die oben diskutierten Einschränkungen der Norm EN 300328 so zu überarbeiten, dass die Unterschiede zur Norm EN 300440 kleiner werden. Das führt zu fortlaufenden Revisionen der Norm. Verschiedene Anspruchsgruppen mit unterschiedlichen Sicherheitsanforderungen an ihre Systeme sind hier beispielsweise: Bluetooth, WLAN, drahtlose Video- und Tonübertragung, Anwendungen im Medizinalbereich, Automation in der Industrie und eben auch der RC-Bereich. Wichtig ist bei jeder Überarbeitung hauptsächlich auch Vorgehensweisen zu definieren, die Ressourcen des 2,4-GHz-Bandes so gerecht zu verteilen, dass alle unter der Norm arbeitenden Systeme genügend Übertragungssicherheit erreichen können.

Grundsätzlich werden mit jeder Revision der Normen also eher Verschärfungen vorgenommen, was die ‚Freundlichkeit' des Systems zu anderen Benutzern darstellt. Jedes einzelne System muss also, je länger je mehr Rücksicht auf die knappe Ressource ‚Bandbreite' nehmen. Das geschieht im Wesentlichen durch zwei Gruppen von Lösungsansätzen, nämlich so genannt nicht adaptive und adaptive.

Für die Erklärung des nicht adaptiven Lösungsansatzes soll noch einmal Bild 55 dienen. Dort wird die Sequenz der Frequenzabfolge bei FHSS beschrieben. Es ist nun so, dass der Sender nicht während der ganzen Zeit des Frequenzfensters sendet, sondern dass diese beschränkt wird. Sendet er seine Signale beispielsweise nur während einem Zehntel der Zeit, dann reduziert sich der Mittelwert der Leistung um den Faktor 10. Aus den 100 mW Sendeleistung werden also im Mittel nur noch 10 mW. Das hat dann auch zur Folge, dass dieses Frequenzfenster während 9/10 der Zeit leer ist, es also andere Systeme nicht stört. Allerdings kann es bei schwacher Belegung mit 2,4-GHz-Systemen an einem bestimmten Ort vorkommen, dass unnötig auf Sendeleistung verzichtet wird, obwohl gar keine oder nur wenige andere Systeme in der Nähe sind. Bei einem adaptiven Lösungsansatz werden Elemente der in Kapitel 7 besprochenen Telemetrie benötigt. Zusammengefasst tritt der Sender für eine kurze Zeit in die Rolle des Empfängers und untersucht, welche Frequenzen stark belastet sind. Der Sender kann dann die Signaldauer nur bei den stark belegten Frequenzen etwas zurückfahren, während sie bei den schwach belegten Frequenzen länger bleibt. Diese Technik wird auch ‚listen before talking', kurz LBT genannt. Ein weiterer eher noch weiter in der Zukunft liegender adaptiver Lösungsansatz wäre auch, die Frequenzsequenz so zu wählen, dass die stark belegten Frequenzen gar nicht benutzt werden. Dies wird jedoch in der Praxis noch sehr selten angewendet. In diesem Fall müssten sich ja der Sender und der Empfänger im Betrieb verständigen, welche Frequenzen ausgelassen werden sollen. Das bedeutet jedoch wieder ein zusätzliches Sicherheitsrisiko.

5.7.2 Bereits verkaufte, sich im Betrieb befindende Systeme und die Zulassung

Bei der Änderung von Normen stellt sich grundsätzlich die Frage, was mit alten Systemen, welche bereits verkauft sind, passieren soll. Hier gilt im Moment die Besitzstandwahrung, außer der Gesetzgeber verbietet bestimmte Systeme ausdrücklich. Wer als Kunde also heute eine Fernsteuerung im eigenen Land kauft und sie auch dort einsetzt, muss sich keine Gedanken um diese Normen machen. Solange er nichts daran ändert, und seine Steuerung im entsprechenden Land legal von einem autorisierten Händler erworben hat, darf er sie weiterhin benutzen. In Deutschland gibt es für die 2,4-GHz-Fernsteuerungen auch keine Zulassungspflicht (Stand 2013). Wer also eine Anlage kauft, darf diese auch einsetzen.

5.7.3 2,4-GHz-Fernsteuerungen aus anderen Ländern

Da die Normen jedoch für verschiedene Länder unterschiedlich sein können, ist die Zulassung für das jeweilige Land immer zu prüfen. Das gilt insbesondere für Fernsteuerungen, welche in Ländern außerhalb Europas gekauft wurden. Da diese teilweise eine nicht zugelassene zu hohe Leistung abstrahlen, dürfen sie hier nicht eingesetzt werden.

Bei internationalen Treffen, beispielsweise bei Flugshows oder Modell-Autorennen, ist hier ebenfalls größte Vorsicht geboten. Wenn sich 2,4-GHz-Systeme, welche mit unterschiedlichen Normen entwickelt wurden, das Frequenzband am selben Ort teilen müssen, kann das dazu führen, dass die Fernsteuerungen mit kleineren Leistungen nicht mehr zuverlässig funktionieren oder gleich ganz ausfallen. Hier sind die Veranstalter und jeder einzelne Teilnehmer in der Pflicht dafür zu sorgen, dass mindestens neben der Rennstrecke oder dem Flugfeld keine Fernsteuerungen eingeschaltet werden, sodass die Übertragungskanäle der sich gleichzeitig im Betrieb befindenden Modelle funktionieren.

5.7.4 Leistungsmessung in dBm

Die Empfangs- und Sendeleistung wird häufig in der Einheit dBm angegeben. Es handelt sich dabei einen Wert in Dezibel, welcher sich relativ auf die Leistung 1 mW bezieht. Die Leistung berechnet sich zu:

$$\text{Leistung in mW} = 1\text{mW} \cdot 10^{\text{Wert in dBm}/10}$$

Beispiel 4:

Das Empfangssignal eines Fernsteuerempfängers werde mit –30 dBm gemessen. Man berechne die Leistung in mW. Es gilt: $1\,mW \times 10^{-30/10} = 0{,}001\,mW$. *Möchte man umgekehrt aus dem Wert in mW den Wert in dBm berechnen, so wird für das vorliegende Beispiel der Logarithmus (auf dem Taschenrechner ‚log') benutzt. Der Wert in dBm = 10 × log (Wert in mW). 10 × log (0.001) = -30 dBm.*

Das Empfangssignal ist bei Fernsteuerungen immer wesentlich schwächer als das Sendesignal. Da sich die Welle bei den verwendeten Antennen kugelähnlich in Kreisen mit dem Zentrum

Tabelle 2: Leistung in mW oder dBm							
Leistung in mW	100	10	1	0.1	0.01	0.001 (= 1µW)	0.0001
Leistung in dBm	20	10	0	-10	-20	-30	-40

der Sendeantenne ausbreitet, kann die Empfangsantenne in einiger Entfernung immer weniger von der total ausgestrahlten Leistung nutzen. Das wurde in Kapitel 3.2 bereits behandelt.

Wie das Beispiel zeigt, wird Dezibel in einer logarithmischen Skala dargestellt. Die Tabelle 2 zeigt den Zusammenhang zwischen der Leistungsangabe in mW und dBm.

Wie die Tabelle zeigt, wird die Empfangsleistung mit steigenden negativen dBm-Werten kleiner. Eine Empfangsleistung mit -40 dBm ist also kleiner als eine mit -30 dBm.

5.7.5 2,4 GHz forever?

Die in den ersten Jahren des 21. Jahrhunderts sprunghafte Zunahme der drahtlosen Kommunikationsgeräte auf 2,4 GHz wird über kurz oder lang zum Bedarf an weiteren Frequenzbändern führen. In den 1990er-Jahren war es noch wesentlich aufwändiger, eine 2,4-GHz-Kommunikation auszuführen. Heute können jedoch auch noch wesentlich höhere Frequenzen für die Übertragung realisiert werden. Und mit dem technischen Fortschritt werden auch in der Zukunft immer höhere Frequenzbänder erschlossen werden. Der Hunger der modernen Kommunikationsgesellschaft nach immer mehr und schnelleren drahtlosen Verbindungen lässt sich auch nur so stillen.

Die Regulierungsbehörden werden für die verschiedenen Anspruchsgruppen weitere Frequenzbereiche zur Verfügung stellen. Es ist durchaus möglich, dass der RC-Bereich irgendwann auf anderen Frequenzbändern senden wird, obwohl der Verbleib auf dem 2,4-GHz-Band im Moment gesichert ist. Die in diesem Buch vorgestellten Technologien und die Eigenschaften der GHz-Wellen werden jedoch bleiben. Das Verhalten wird hier ja oft mit demjenigen von Lichtwellen verglichen. Wenn die Frequenzen noch höher werden, wird dieser Vergleich noch eher zutreffen. Man darf gespannt sein, was noch kommen wird.

6. Benutzerschnittstellen und Programmierung

Die Bedienung der Sender kann auf verschiedene Arten erfolgen. Die einzelnen Funktionen werden über die Knüppel, Steuerräder, Drehgeber oder Schalter gesteuert. Es sind speziell bei preiswerten Modellbauprodukten, wie Mini-Hubschraubern, Kleinflugzeugen oder Spielzeugautos auch komplette Sets erhältlich, welche sogar einfache 2,4-GHz-Sender beinhalten. Diese sind meistens nur mit wenigen Funktionen ausgestattet, beispielsweise nur mit Knüppeln und allenfalls noch mit der Möglichkeit einer Trimmung. Der Fokus dieses Kapitels ist jedoch nicht auf diese Fernsteuerungen ausgerichtet. Er liegt vielmehr auf den etwas teureren Fernsteuerungen, welche mit vielen weiteren Funktionen ausgestattet sind. Diese sind ausnahmslos alle programmierbar. Sie bieten weitere Möglichkeiten, beispielsweise mehr als nur die Einstellungen eines einzigen Modells abspeichern zu können, Mischfunktionen, Servo-Einstellmöglichkeiten, oder den sogenannten Lehrer-/Schülerbetrieb. Die folgenden Unterkapitel werden die Eigenschaften dieser Funktionen erläutern.

6.1 Knüppel, Steuerrad, Drehgeber, Schalter und Taster

Bild 59 zeigt den Bildausschnitt eines Senders, bei welchem Knüppel, Drehgeber, Schalter und Taster zu sehen sind. Die wichtigsten Funktionen werden auch heute noch mit den Kreuzknüppeln gesteuert. Diese haben die Entwicklung der Fernsteuerungen seit Anbeginn geprägt, deshalb wurde ihre Funktionsweise schon unter Kapitel 1.2 ‚Proportionalfernsteuerun-

Bild 59: Knüppel, Drehgeber, Schalter und Taster.

gen' erklärt. Kreuzknüppel gibt es jedoch bei Standardfernsteuerungen nur zwei, je einen für die linke und einen für die rechte Hand. Damit können vier Kanäle oder vier Funktionen gesteuert werden. Für die Kreuzknüppel sind immer die vier wichtigsten Funktionen vorgesehen. Diese sind bei den Modellflugzeugen das Seiten-, Höhen- und Querruder sowie das Gas. Bei Modellhubschraubern sind es Nick, Roll, Gas/Pitch und Gier. Die genaue Kanalzuordnung wird für diese Modelle später behandelt. Die wichtigsten Funktionen für Automodelle sind Steuerrad, Gas und Bremse, bei Modellschiffen sind es Ruder und Gas. Bei diesen beiden Modelltypen werden häufig auch die bereits erwähnten Colt-Sender eingesetzt.

6.1.1 Drehgeber

Die meisten Fernsteuerungen stellen jedoch mehr Kanäle zur Verfügung, meistens sind das entweder sechs, acht oder zwölf. Es werden also als Ergänzung zu den zwei Kreuzknüppeln noch mehrere Kanäle mit Drehgebern oder Schaltern gesteuert. Die Drehgeber werden meistens mit den schon besprochenen Potentiometern realisiert. Die Servos bewegen sich dann entsprechend der Stellung der Drehgeber. Da die Hände im Normalbetrieb mit den beiden Kreuzknüppeln ‚alle Hände voll zu tun haben', sind die Drehgeber für Sonderfunktionen zuständig. Um sie zu bedienen, muss man zwangsläufig die Knüppel kurz loslassen. In Frage kommen hierfür beispielsweise das Ausfahren von Wölbklappen oder das Aus- und Einfahren eines Einziehfahrwerks mit einem Servo. Bei Schiffsmodellen sind die Möglichkeiten mannigfaltiger, es kommt beispielsweise das Heben und Senken eines Krans oder die Drehung eines Positionslichts in Frage.

6.1.2 Schalter und Taster

Wenn eine 8- oder 12-Kanal-Fernsteuerung zwei Kreuzknüppel und zwei Drehgeber eingebaut hat, müssen immer noch zwei oder sechs Kanäle mit Schaltern gesteuert werden. Ein Schalter kann entweder zwei verschiedene Stellungen annehmen oder auch drei, wenn er eine Mittelstellung besitzt. Viele größere Modelle haben genügend Sonderfunktionen, welche so gesteuert werden wollen. Es gibt auch Einziehfahrwerke, welche eine integrierte Elektronik und Mechanik besitzen, also nicht mit einem Servo gesteuert werden. Bei diesen gibt es meistens nur die beiden Stellungen ‚Fahrwerk ausgefahren' und ‚Fahrwerk eingezogen'. Des Weiteren können Absprünge von Fallschirmspringern aus einem Modellflugzeug oder einem Modellhubschrauber ausgelöst werden, es kann farbiger Sprühnebel abgesetzt werden, es können bei Automodellen Lichter ein- und ausgeschaltet oder bei Schiffsmodellen Anker gehoben und gesenkt werden usw. Auch bei diesen Funktionen muss der Modelpilot oder -kapitän selbstverständlich kurz die Finger vom Knüppel nehmen. Da nur ein Schalter umgelegt werden muss, ist das allerdings oft etwas einfacher als die Betätigung eines Drehgebers.

Schalter und Taster steuern aber nicht nur Funktionen, sondern sie können auch die Wirkungen des Senders selbst umschalten. Das heißt beispielsweise, dass sie zwischen den später in diesem Kapitel beschriebenen Funktionen wie Modellspeicher, Betriebs- und Flugphasen, Mischer, Dual Rate oder Expo umschalten.

Wie es verschiedene Hersteller von Fernsteuerungen gibt, so gibt es auch unterschiedliche Philosophien, wie die Zuteilungen von Schaltern und Tastern sein sollen. Es gibt Fernsteuerungen, bei welchen sie fix entweder einer Funktion oder einer Umschaltung der Senderwirkung zugeteilt sind. Bei anderen können sie wiederum mit der entsprechenden Programmierung frei zugeteilt werden.

6.2 Programmierung

Die heutigen Fernsteuerungen sind allesamt Mikrocomputer-basiert. Mikrocomputer können auf verschiedene Funktionen hin programmiert werden. Genau genommen programmiert der Modellbaupilot oder -kapitän seine Fernsteuerung nicht im eigentlichen Sinne. Er konfiguriert sie eher auf seine Bedürfnisse. Da jedoch in den Bedienungsanleitungen immer von ‚programmieren' die Rede ist, soll dieser Begriff so stehen bleiben. In der Folge wird dargestellt, was bei einem modernen Fernsteuersender alles nötig ist, damit er programmiert werden kann.

6.2.1 Eingabetaster und Display

In dem Bild 60 sind Eingabetaster und Display dargestellt. Sie werden benötigt, um Programmiereingaben vorzunehmen und die Wirkung von diesen darzustellen. Die Fernsteuerungen sind Menü-gesteuert. Das heißt, dass man über Benutzermenüs zu den einzelnen in den nächsten Kapiteln besprochenen Funktionen gelangt.

Das Display hat jedoch nicht nur bei der Programmierung eine wichtige Bedeutung. Im normalen Sendebetrieb gibt es eine Fülle von Informationen preis, welche für den Betrieb wichtig sind.

Als Beispiele seien hier genannt: Die Spannung des Senderakkus oder die aktuelle Betriebsdauer des Modells. Über die in Kapitel 7 besprochene Telemetrie können außerdem wichtige Daten vom Empfänger dargestellt werden. Beispiele sind hier die Spannung des Empfängerakkus oder die Stärke des Empfangssignals.

6.2.2 Akkustische Signale

Die Rückmeldung der Programmierung kann auch über akkustische Signale erfolgen. Diese sind im normalen Steuerungsbetrieb noch wichtiger. Da der Modellpilot oder -kapitän dann sein Modell beobachten und diesem die volle Konzentration widmen muss, ist es für ihn meistens nicht möglich, auf das Display zu schauen. Deshalb verfügen die Sender auch über akkustische Möglichkeiten. Das sind dann oftmals kleine Lautsprecher, welche mit Piezoelementen realisiert werden. Damit kann mindestens eine Warnung mit Pieptönen ausgegeben werden, wenn die Akkuspannung im Sender zu tief abfällt. Ganz moderne Fernsteuerungen haben sogar eine Sprachausgabe eingebaut. Damit können noch mehr Informationen an den Benutzer übergeben werden, ohne dass er seinen Blick vom Modell abwenden muss.

6.2.3 Modellspeicher

Der ambitionierte Modellbauer besitzt meistens mehr als nur ein einziges Modell. Es ist dabei durchaus möglich, dass er gleich mehrere davon auf die Rennpiste, zum Flugfeld oder zum See mitbringt. Diese können dabei so verschieden sein, dass mindestens die Schalter und Drehgeber, manchmal sogar die Kreuzknüppel ganz andere Funktionen steuern. Deshalb haben die programmierbaren Fernsteuerungen mehrere Modellspeicher. Diese werden jeweils für ein Modell konfiguriert und programmiert. Per Tas-

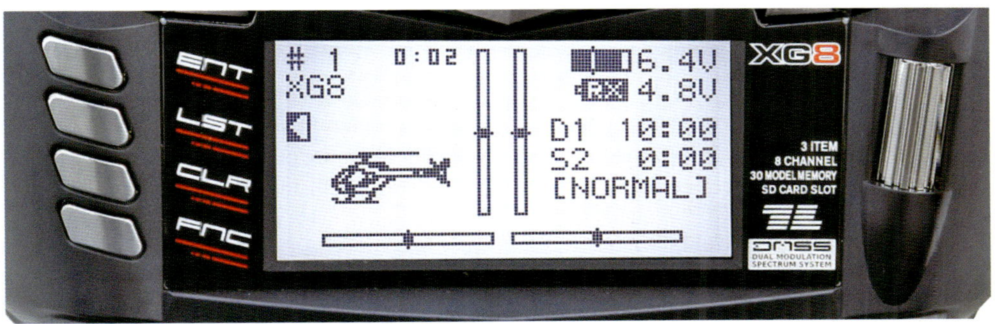

Bild 60: Display und Eingabetaster einer programmierbaren Fernsteuerung.

ter oder Schalter kann dann auf dem im Display dargestellten Menü zwischen diesen Modellen hin und her geschaltet werden.

6.2.4 Betriebsphasen

In gewissen Situationen kann es durchaus sinnvoll sein, dass die Bedienelemente auch bei ein- und demselben Modell nicht zu jeder Zeit dieselbe Funktion bewirken. So ist es möglich, dass die Servoausschläge für einen gutmütigen Flug größer sein müssen als für einen Speedflug, da sie dann aus aerodynamischen Gründen eine viel größere Wirkung haben. Bei einem Quadrokopter ist es möglich, dass im Flug zwischen einer Winkelregelung und einer Winkelgeschwindigkeitsregelung der Nick- und Roll-Achse umgeschaltet werden muss. Bei Modellhelikoptern gibt es eine Betriebsphase ‚Autorotation'. Bei dieser wird die Pitch-Stellung der Rotorblätter entsprechend verändert und der Mischer für den Heckrotor ist ebenfalls unterschiedlich eingestellt. Die Betriebsphasen werden bei den Flugmodellen auch ‚Flugphasen' genannt. Bei Modellautos können bei unterschiedlichen Geschwindigkeiten und Geländeeigenschaften ebenfalls unterschiedliche Servoausschläge und -Einstellungen nötig werden. Auch bei den Schiffsmodellen können die Ruderausschläge so variiert werden.

Es gibt verschiedene Möglichkeiten, wie das bei den Fernsteuerungen der verschiedenen Hersteller umgesetzt sein kann. In den meisten Fällen besteht die Möglichkeit, innerhalb eines Modellspeichers mehrere Betriebsphasen einzuprogrammieren. Die Umschaltung der Betriebsphasen erfolgt dann mit einem Taster oder einem Schalter. Dieser ist entweder fix dieser Umschaltfunktion zugeteilt oder er kann auf diese Funktion hin programmiert werden.

6.2.5 Binding

Was ‚Binding' in technischer Hinsicht ist, wurde bereits im letzten Kapitel 5 bei der Erklärung von FHSS und DSSS erklärt. Kurz repetiert muss der Empfänger bei FHSS die Frequenzabfolge und bei DSSS das Pseudo-Noise-Signal des Senders kennenlernen. Bei den häufig eingesetzten Kombinationen von FHSS und DSSS muss er beides kennenlernen. Der Benutzer interessiert sich jetzt aber auch dafür, wie denn ein Empfänger in der Praxis mit einem Sender ‚gebunden' wird. Dazu gibt es je nach Hersteller verschiedene Möglichkeiten. Zwei davon sollen in der Folge besprochen werden.

Beim drahtgebundenen ‚Binding' wird der Empfänger über ein Spezialkabel mit dem Sender verbunden. Dann wird ein entsprechender Befehl über das Menü gestartet. So werden dem Empfänger alle nötigen Daten übermittelt.

‚Binding' funktioniert bei vielen Systemen auch drahtlos und wird über einen Menü-Befehl ausgelöst. Zusätzlich kann es bei einigen Herstellern auch nötig sein, dass ein Taster beim Empfänger gedrückt werden muss. Dann kommunizieren Sender und Empfänger mit 2,4-GHz-Signalen, mit einer vom Werk voreingestellten Frequenzsequenz, welche nur dazu dient, die nötigen Daten zu übermitteln. Drahtloses ‚Binding' wird vor allem bei Systemen mit Telemetrie angewendet, da dann der Empfänger dem Sender mitteilen kann, ob er alle Daten korrekt erhalten hat.

Nachdem das ‚Binding' korrekt durchgeführt wurde, zeigt das entweder das Display beim Sender oder eine Status-LED beim Empfänger an. Es kann auch ein Piepton generiert werden, oder eine Kombination von alledem.

6.2.6 PC-Schnittstellen

Damit die Fernsteuerungen überhaupt vom Benutzer programmiert werden können, ist eine spezielle Software nötig, eine so genannte Firmware. Diese stellt alle Funktionen und Schnittstellen bereit, welche für die Programmierung benötigt werden. Die Hersteller erweitern die Firmware von Zeit zu Zeit. So ist es durchaus möglich, dass eine Fernsteuerung mit einer neuen Firmware über mehr Funktionsmöglichkeiten verfügt, als zum Zeitpunkt des Kaufs. Die neue Firmware muss aber auf irgendeine Art und Weise auf die Fernsteuerung kommen. Ein Update wird mit einer PC-Schnittstelle vorgenommen. Heute ist das meistens eine USB-Schnittstelle. Die neue Firmware kann dann im Download-Bereich der Internetseiten der Hersteller auf den PC geladen werden. Über ein spezielles Menü wird der Benutzer dort angewiesen, die Fernsteuerung über die Schnittstelle mit dem PC zu verbinden. So kann dann die Firmware auf der Fernsteuerung installiert werden. Das geschieht über nichtflüchtige Speicher, heißt also, dass die Firmware nach dem Ausschalten oder der Entnahme der Batterien immer noch vorhanden ist.

Es soll an dieser Stelle jedoch darauf hingewiesen werden, dass der Benutzer grundsätzlich nicht immer jeden Firmware-Update mitmachen muss. Auch wenn man davon ausgehen kann, dass neue Updates vom Hersteller ausgiebig getestet worden sind, bringen sie manchmal trotzdem das Risiko mit sich, dass sich Fehler einschleichen können oder dass alte Funktionen im Extremfall anders funktionieren als vorher. Wer mit seiner Fernsteuerung und dessen Funktionsumfang zufrieden ist, darf sich durchaus auf den Standpunkt stellen, dass er keine neue Firmware installieren will. Außerdem ist ja auch nicht jeder Modellbauer ein eingefleischter Computerfreak.

6.2.7 Speicherkarten

Mit den Speicherkarten verhält es sich ähnlich. Auch sie sind wie die PC-Schnittstellen keine zwingend nötigen Bestandteile von Fernsteuerungen. Für sehr viele Eigenschaften der modernen Fernsteuerungen ist ihr Einsatz jedoch zumindest von großem Vorteil. Im einfachsten Fall ist es mit den Speicherkarten möglich, Sicherheitskopien der einzelnen Modellspeicher zu erstellen. So müssen bei einem Datenverlust nicht alle Funktionen erneut mühsam von Hand einprogrammiert, sondern sie können einfach zurückkopiert werden. Da die Programmierung von Funktionen und die Modellspeicher bei neuen Fernsteuerungen desselben Herstellers oftmals kompatibel ausgeführt sind, können diese Speicherkarten bei einer neuen Fernsteuerung oft wieder kopiert werden. Eine Garantie, dass das einwandfrei und in allen Belangen funktioniert, gibt es jedoch nicht.

Wie noch im nächsten Kapitel behandelt wird, ist es heute mit der Technik der Telemetrie möglich, Sensordaten vom Modell zum Sender zu übertragen und diese dort abzuspeichern. Das können beispielsweise der Spannungsverlauf des Empfängerakkus, die Qualität des Empfangssignals oder auch Höhenmessungen in einem Flugmodell sein. So können im Nachhinein auch Analysen der Daten durchgeführt werden. Diese Daten werden dann entweder mit der oben beschriebenen Schnittstelle direkt zum PC übertragen oder sie können ebenfalls auf Speicherkarten gespeichert werden.

Als Speicherkarten werden dieselben Fabrikate eingesetzt, wie sie auch bei Fotoapparaten oder den weit verbreiteten USB-Sticks verwendet werden. Das sind sogenannte Flash-Eprom-Speicher.

6.2.8 Knopfzellen im Sender

Einige Fernsteuerungen enthalten zusätzliche Knopfzellen, meistens sind das Lithium-Batterien. Diese sind selbstverständlich nicht für den Betrieb des Senders gedacht. Dieser wird durch den in Kapitel 2.5 ‚Energieversorgung' besprochenen Senderakku gewährleistet. Da manchmal aber auch das Datum und die Uhrzeit mitlaufen, sorgt oft eine kleine Batterie dafür, dass diese bei einem Akkuwechsel nicht verlorengehen. Diese Batterie ist meistens so ausgelegt, dass sie ihren Dienst über mehrere Jahre zuverlässig versieht.

Die Modellspeicher und weitere vom Benutzer einprogrammierte Funktionen werden oftmals in einem internen Flash-Speicher gespeichert, welcher auf derselben Technologie beruht, wie die oben besprochenen Speicherkarten. Ihr Inhalt bleibt bei den meisten Fernsteuerungen bei einem Akkuwechsel erhalten, auch wenn die jeweiligen Modelle keine eingebaute Knopfzelle enthalten. Das wird jedoch nicht bei allen Fabrikaten so gelöst und deshalb lohnt es sich, vor einem Akkuwechsel in die Betriebsanleitung zu schauen, wie sich das mit dem Datenverlust genau verhält.

6.3 Kanalzuordnung

Bei den Colt-Sendern für RC-Cars und schnelle RC-Boote ist die Belegung fast schon intuitiv gegeben, wie es schon in Kapitel 2 besprochen wurde. Jedoch auch bei den Hand- und Pultsendern haben sich für Modellflugzeuge und -Helikopter entsprechende Standard-Knüppelbelegungen durchgesetzt. Sie werden auch Modi genannt. Bild 61 zeigt die Standard-Knüppelbelegung für Modellflugzeuge. Welcher Modus benutzt wird, hängt von den individuellen Vorlieben des Piloten ab. Beim Loslassen werden die Knüppel von Federn wieder in die Mitte, also in die Neutralstellung gezogen. Nur beim Gas ziehen die meisten Piloten eine Einrastung vor. Der Knüppel verharrt dann beim Loslassen auf der eingestellten Position. Es wird dazu ein Metallplättchen angeschraubt und dieses drückt auf ein Kunststoffraster. Je nachdem, welchen Modus man verwenden will, muss man den entsprechenden Knüppel umbauen. Bild 62

Bild 62: Rasterung beim Gasknüppel.

Modellflugzeuge

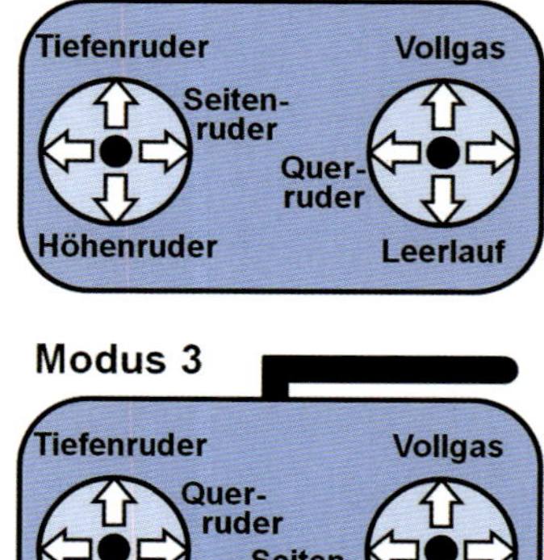

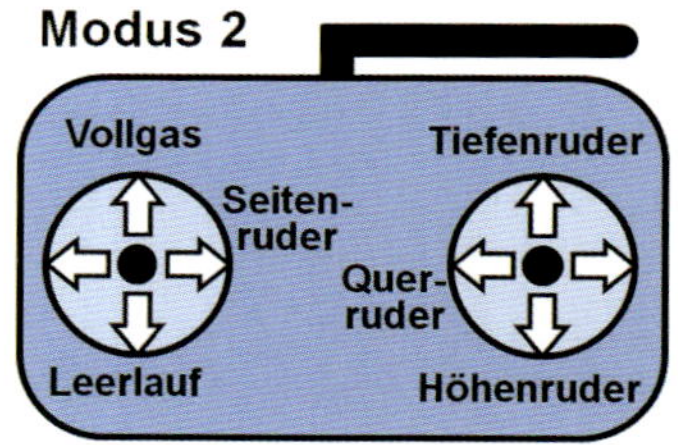

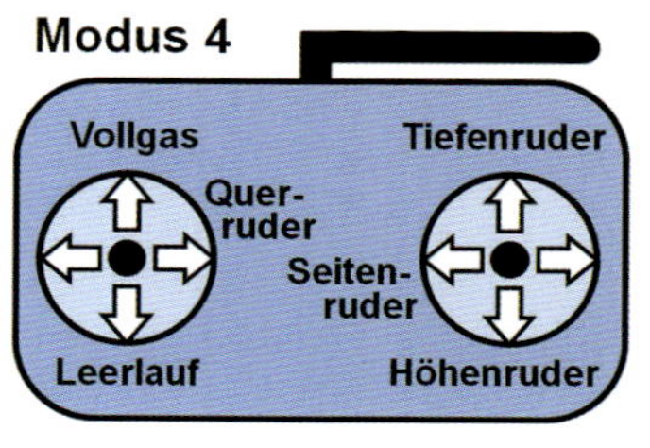

Bild 61: Standardknüppelbelegung für Modellflugzeuge.

zeigt es in einer Detailansicht. Bei den meisten Fernsteuerungen ist das als Standard vorgesehen. Es wird dann in den Bedienungsanleitungen beschrieben, welche Handgriffe dazu genau nötig sind.

Auch für die Modellhubschrauber gibt es diese Modi. Eine entsprechende Belegung wird in Bild 63 dargestellt.

Wenn ein Modellspeicher programmiert wird, dann gehört auch die Wahl eines Modus dazu, die Kanäle werden dann automatisch zugeteilt. Die genaue Reihenfolge ist vom Hersteller abhängig. In den Betriebsanleitungen wird jeweils angegeben, welche Servos für Gas, Querruder, Höhen-/Tiefenruder, Seitenruder bzw. für Pitch, Roll, Nick oder Gier auf welchem Steckplatz beim Empfänger eingesteckt werden müssen. Alternativ kann man das auch durch Ausprobieren herausfinden. Man kann dazu den Hebel der entsprechenden Funktion bei auf einem Steckplatz eingesteckten Servo kurz betätigen.

Bei den Auto- und Schiffsmodellen sind die Knüppel nicht so konsequent den einzelnen Funktionen zugeteilt. Wenn man dort annimmt, dass das Steuer beziehungsweise das Ruder dem Seitenruder eines Flugmodells entspricht, kann man sich selbstverständlich ebenfalls an die für die Flugzeuge dargestellten Modi nach Bild 61 halten.

6.4 Servo -Trimmung, -Umkehr, -Wegverstellung

Bild 64 zeigt den Stellweg eines Servos. Da es heute eine große Vielfalt in allen Qualitäts- und Preisklassen gibt, kann nicht pauschal für alle gesagt werden, wie groß dieser genau ist. Der Bereich, welcher im Normalfall genutzt wird, deckt je nach Servo etwa 90° bis 120° ab, also ein Viertel bis ein Drittel einer Umdrehung. Das wird in der Abbildung mit +/-100 % dargestellt. Es wurde schon besprochen, dass Servos über eine Positionsmessung verfügen. Bei einigen Messprinzipien, speziell auch bei demjenigen mit einem Potentiometer, ist ein mechanischer Anschlag vorhanden, welcher den maximal möglichen Stellweg begrenzt.

Wie viel Stellweg über die +/-100 % hinaus bis zu diesem Anschlag noch übrigbleibt, ist ebenfalls von Servo zu Servo unterschiedlich. Bei Systemen mit berührungsfreier Posi-

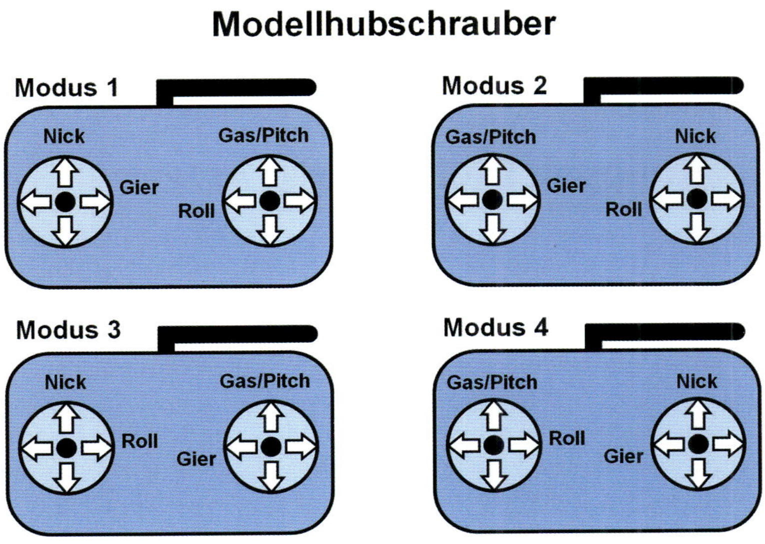

Modellhubschrauber

Modus 1: Nick, Gier / Gas/Pitch, Roll
Modus 2: Gas/Pitch, Gier / Nick, Roll
Modus 3: Nick, Roll / Gas/Pitch, Gier
Modus 4: Gas/Pitch, Roll / Nick, Gier

Bild 63: Standardknüppelbelegung für Modellhubschrauber.

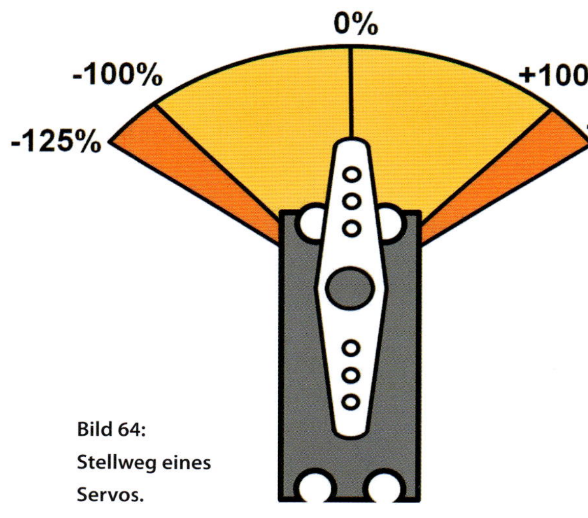

Bild 64: Stellweg eines Servos.

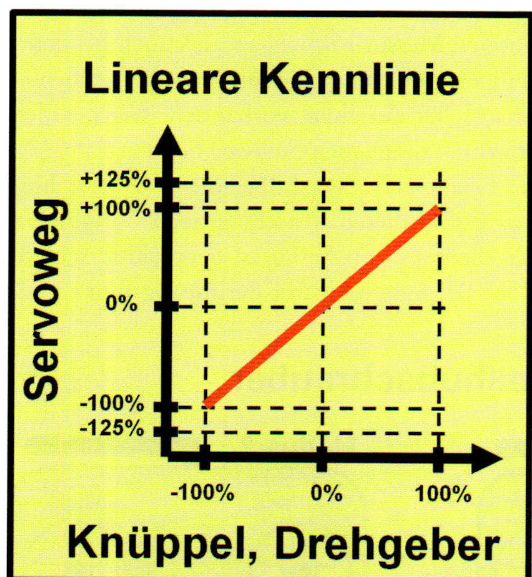

Bild 65: Lineare Kennlinie.

tionsmessung ist es möglich, dass der Stellweg auf beiden Seiten zusätzlich noch einmal 50 % oder noch mehr betragen kann oder dass gar kein Anschlag vorhanden ist. Möglich ist bei einigen Systemen auch, dass zwar ein Anschlag vorhanden ist, jedoch die Servo-Elektronik verhindert, dass in diesen hineingefahren werden kann. Es soll aber für die weiteren Überlegungen mit Blick auf Bild 64 einmal angenommen werden, es sei zusätzlich 25 % Servoweg auf beiden Seiten möglich.

Bild 65 zeigt die so genannte Kennlinie des besprochenen Servos. Auf der unteren, horizontalen Achse ist die Stellung des Knüppels oder des Drehgebers dargestellt. Er kann ebenfalls von -100 % (Anschlag links) bis +100 % (Anschlag rechts) variiert werden. Ohne weitere Einstellungen bei der Fernsteuerung ist die Kennlinie so wie dargestellt. Bei einer Knüppelstellung von -100 % beträgt auch der Servoweg -100 %, bei einer Knüppelstellung von +100 % beträgt auch der Servoweg +100 %. Anders gesagt: wenn der Hebel ganz links ist, ist auch das Ruderhorn des Servos links, wenn der Hebel rechts ist, ist auch das Ruderhorn des Servos rechts. Es handelt sich hierbei um eine so genannt lineare Kennlinie, deshalb ist die Linie gerade. Eine Zunahme der Knüppelstellung entspricht also einer gleichen Zunahme beim Servoweg.

6.4.1 Umkehr

In vielen Fällen kommt es vor, dass man bei einer ersten Funktionsprüfung nach der Montage bemerkt, dass sich der Servo genau in die entgegengesetzten Richtungen bewegt, als es gewünscht wird. Dann kann der Stellweg mit der Umkehrfunktion oder auf Englisch ‚Reverse' umgedreht werden. Bei der Knüppelstellung links fährt der Servo dann an den rechten Anschlag, bei der Knüppelstellung rechts fährt er an den linken Anschlag. Diese Möglichkeit stellen fast alle Fernsteuersender zur Verfügung,

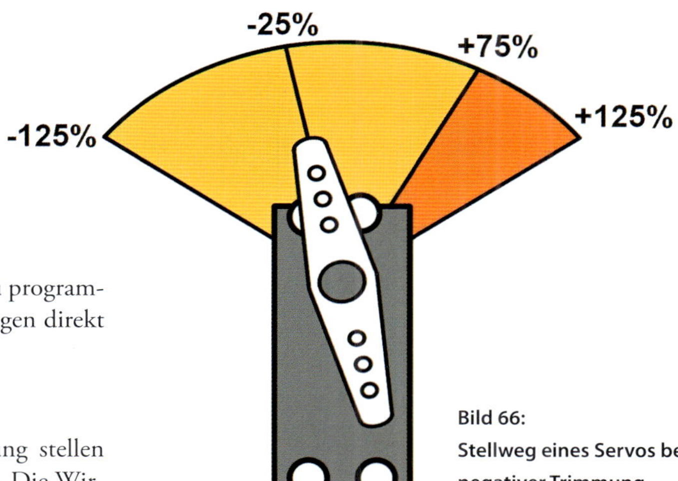

Bild 66: Stellweg eines Servos bei negativer Trimmung.

sie kann entweder im Bedienermenü programmiert oder bei einfacheren Steuerungen direkt über Schalter eingestellt werden.

6.4.2 Trimmung

Auch die Möglichkeit der Trimmung stellen alle Fernsteuersender zur Verfügung. Die Wirkung der Servos auf die Ruder des Flug- oder Schiffsmodells oder die Steuerachse des Automodells werden bei der Montage nach bestem Wissen justiert. Und doch zeigt erst der praktische Einsatz, ob das Modell geradeaus fliegt, schwimmt oder fährt. Wenn das nicht der Fall ist, muss nachgetrimmt werden. Bild 66 zeigt, was das für eine negative Trimmung, eine Trimmung nach links also, bedeutet.

Bei der Neutralstellung des Knüppels ist das Servohorn dann leicht nach links gedreht. Verglichen mit Bild 64 sind dann auch die beiden Extrempositionen nach links verschoben. Selbstverständlich gelten dieselben Ausführungen auch für eine positive Trimmung. Dabei muss beachtet werden, dass sich der Servo dann auf der einen Seite näher an den mechanischen Endanschlag herandrehen kann, sofern dieser eben vorhanden ist. Bei der Darstellung in Bild 66 wäre bei einer Trimmung von -25 % sogar der maximal mögliche Ausschlag erreicht. Im Normalfall werden mit der maximalen Trimmung noch keine allfälligen mechanischen Anschläge erreicht. Man sollte das jedoch immer austesten. Fährt der Servo nämlich in einen Anschlag, so merkt das oftmals weder der Empfänger noch der Sender, weil eine entsprechende Rückmeldung fehlen kann. Die Folge ist dann ein Geräusch, welches sich wie ein

Bild 67: Trimmhebel bei einem Kreuzknüppel.

Knurren anhört. Servos können auch knurren, ohne dass sich deren Position am Anschlag befindet. Dann sollte überprüft werden, ob sich das Ruder oder das Gestänge zu schwergängig bewegt. Knurren bedeutet nämlich meistens, dass der Servo auf irgendeine Art überlastet ist. Das ist auch mit einer Zunahme des Stromes verbunden und sollte wenn möglich vermieden werden. Die Trimmung wird bei den meisten Fernsteuerungen mit einem zusätzlichen Hebel nahe des Knüppels realisiert. Bild 67 zeigt eine mögliche Ausführung. Bei einem Kreuzknüppel mit zwei Funktionen gibt es selbstverständlich zwei solcher Hebel.

Um Servos zu trimmen, bei welchen die Mittelposition nicht ganz genau dort ist, wo man sie eigentlich erwarten würde, gibt es bei einigen Fernsteuerungen auch noch die Möglichkeit, nur diesen Mittelpunkt etwas zu verstellen. Das wird dann jedoch meistens nicht über Hebel gemacht, sondern es wird über das Programmier-Menü eingestellt. In den Bedienungsanleitungen wird es ‚Sub-Trimm' oder ähnlich genannt.

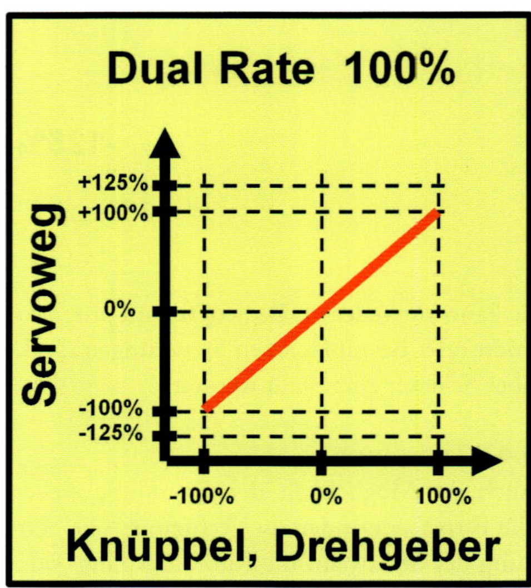

Bild 68: Dual Rate 100 %, entspricht der normalen linearen Kennlinie.

6.5 Dual Rate, Expo- und weitere Funktionen

In Bild 65 wurde eine so genannt lineare Kennlinie eines Servos gezeigt. Sie wird bei den meisten Anwendungen im Modellbau so verwendet. Außerdem ist sie auch immer die Standardeinstellung. Es gibt jedoch noch andere Arten von Kennlinien, deren Einsatz für den einen oder anderen Spezialfall durchaus sinnvoll sind.

6.5.1 Dual Rate

Es wurde bereits von verschiedenen möglichen Betriebsphasen eines Modells gesprochen. Nimmt man als Beispiel einmal ein Modellflugzeug, mit welchem man einmal einen gemütlichen Flug durchführen und ein anderes Mal Speedflug betreiben möchte, so ist es aus aerodynamischen Gründen durchaus sinnvoll, dass die Knüppel nicht in beiden Fällen gleich auf das Modell wirken. Ein bestimmter Ruderausschlag hat im Langsamflug einen geringeren Einfluss als im Speedflug. Dies kann mit Dual Rate gelöst werden. Die Bilder 68, 69 und 70 zeigen Kennlinien mit Dual Rate 100 %, Dual Rate 50 % und Dual Rate 125 %. Dual Rate 100 % in Bild 68 ist dieselbe Kennlinie wie sie bereits Bild 65 zeigt. Das ist also eine normale lineare Kennlinie. Bei der Diskussion der nächsten Kennlinie in Bild 69 weist -100 % Knüppelweg nur -50 % Ruderausschlag und +100 % Knüppelweg nur +50 % Ruderausschlag auf.

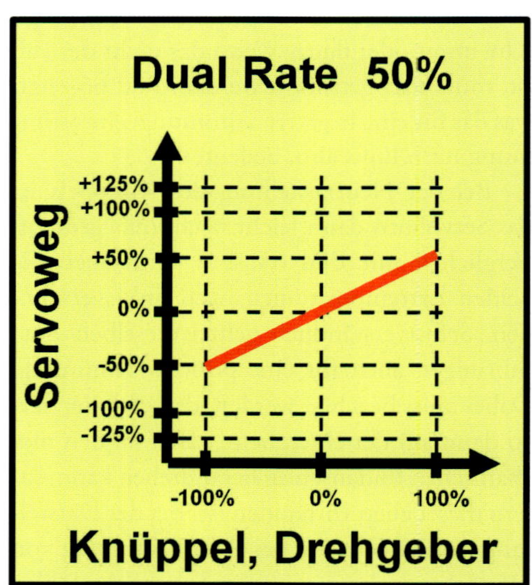

Bild 69: Dual Rate 50 %.

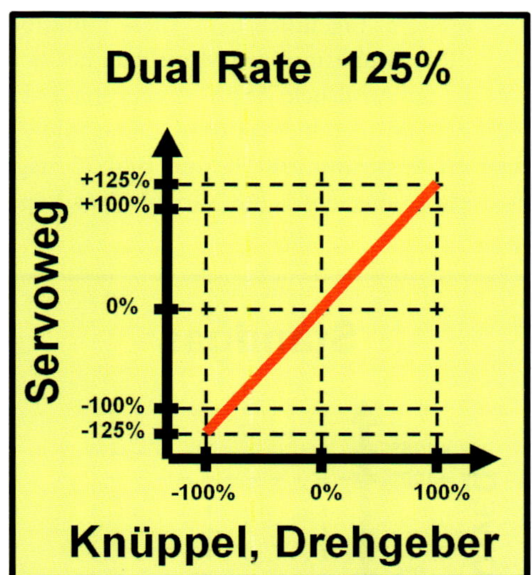

Bild 70: Dual Rate 125 %.

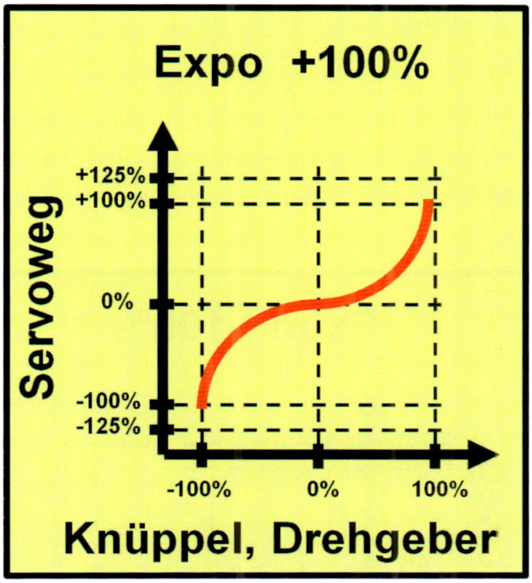

Bild 71: Expo 100 %.

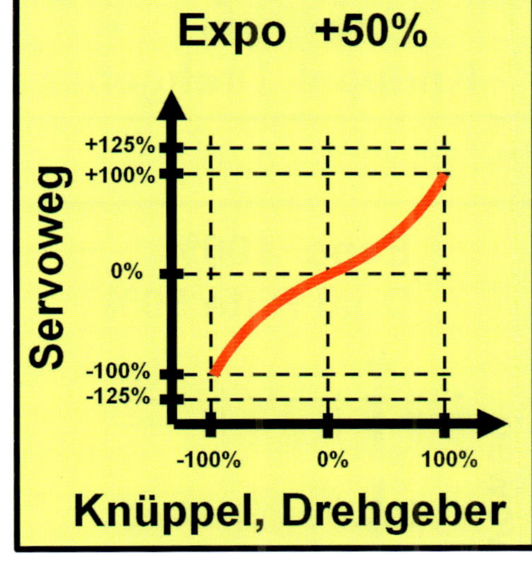

Bild 72: Expo 50 %.

Bei vollem Knüppelausschlag bewegt sich der Servo also nur um den halben Weg im Vergleich zu Bild 68. Bei der Betriebsphase ‚Langsamflug' könnte man also Dual Rate 100 % und bei der Betriebsphase ‚Speedflug' könnte man also Dual Rate 50 % einprogrammieren. Das heißt, dass sich das Modell bei gleichem Knüppelweg feinfühliger steuern lässt. Der Nachteil davon ist jedoch, dass man in diesem Betriebsmodus dann nur noch den halben Servoweg zur Verfügung hat. Selbstverständlich kann man das auch in die andere Richtung realisieren. Bild 70 zeigt ein Dual Rate von 125 %. Der Servo dreht sich jetzt bei den Maximalausschlägen der Knüppel weiter als bei Dual Rate 100 %, er würde hier also beispielsweise den ganzen Stellweg von -125 % bis +125 % aus Bild 64 ausschöpfen. Wie schon beim Abschnitt über die Trimmung, muss auch hier immer geprüft werden, ob der Servo nicht in die mechanischen Begrenzungen hineinläuft.

6.5.2 Expo-Funktion

Eigentlich sind auch die Dual-Rate-Kennlinien linear, sie werden ja alle durch gerade Linien dargestellt. Es könnte jetzt aber sein, dass der Modellpilot oder -kapitän für kleine Knüppelbewegungen gerne nur ganz kleine Auslenkungen am Servo haben möchte und dass diese für größere Knüppelbewegungen dann überproportional zunehmen. Er hat dann einerseits den Vorteil, dass er sein Modell um die Mittenposition des Knüppels herum sehr feinfühlig steuern kann. Andererseits hat er aber bei den größeren Knüppelbewegungen trotzdem die Möglichkeit, den vollen Ruderausschlag auszusteuern. Eigentlich heißt diese Funktion ‚Exponentialfunktion'. Im Modellbau hat sich jedoch der Ausdruck ‚Expo' durchgesetzt. Er wird deshalb auch hier verwendet. Das Bild 71 zeigt ein Expo mit 100 % und Bild 72 zeigt eine etwas abgeschwächte Variante mit Expo

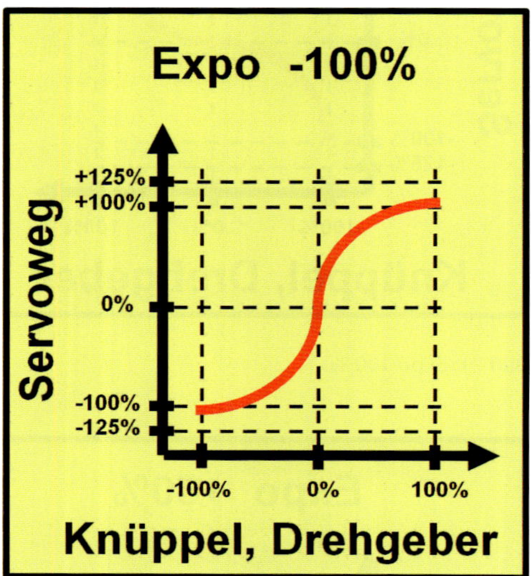

Bild 73: Expo -100 %.

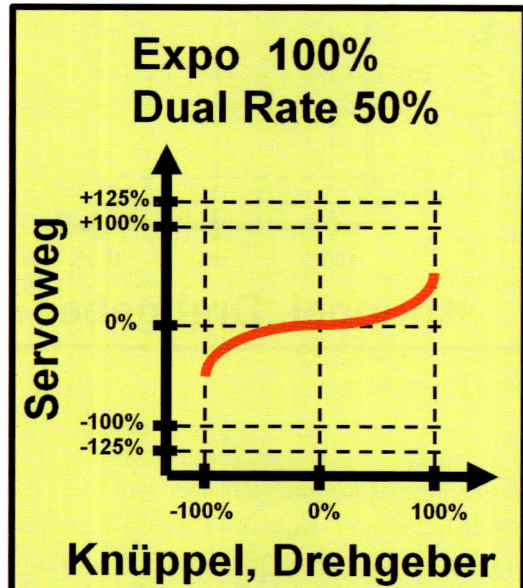

Bild 74: Kombination von Expo und Dual-Rate.

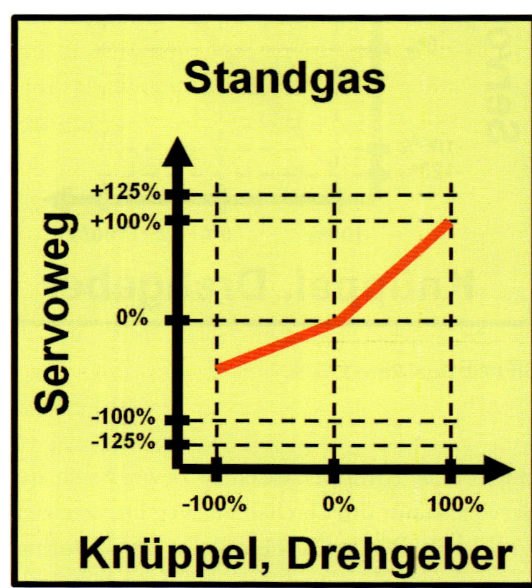

Bild 75: Standgas.

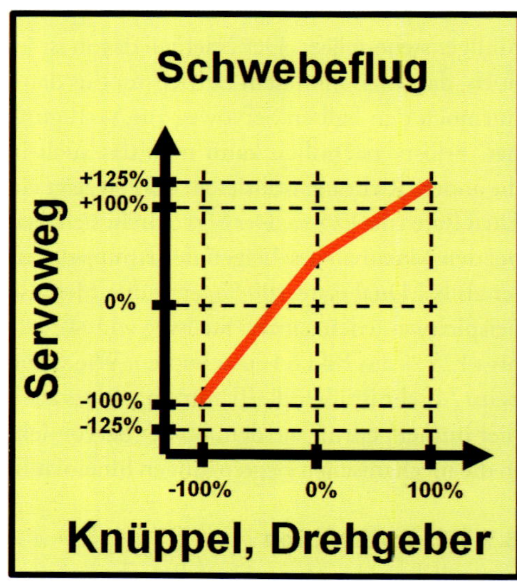

Bild 76: Schwebeflug.

50 %. Die Prozentwerte sind bei den meisten Fernsteuerungen nur qualitativ gewählt und geben einfach einen Hinweis darauf, wie stark die Kennlinien von der in Bild 65 dargestellten linearen Kennlinie abweichen. Die Wirkung auf das Modell muss im Einzelfall sowieso immer ausprobiert werden.

Das Ganze gibt es bei einigen Fernsteuerungen auch mit negativen Prozentwerten. Dann haben kleine Knüppelbewegungen bereits sehr große Auswirkungen auf den Servoweg und damit auf die Ruder. Bild 73 zeigt einen solchen Fall. Größere Knüppelbewegungen bewirken dann jedoch nicht mehr sehr viel.

Zum Schluss sei noch erwähnt, dass einige Fernsteuerungen in der Programmierung auch Kombinationen von Dual Rate und Expo zulassen. Beim Beispiel, welches in Bild 74 gezeigt wird, wird ein Expo von 100 % mit einem Dual Rate von 50 % kombiniert. Manche Modellbauer mögen das als pure Spielerei abwerten, der Autor hat jedoch schon einige Hobby-Kollegen angetroffen, welche schon solche Servo-Kennlinien für ganz spezielle Anwendungen einprogrammiert haben.

6.5.3 Weitere Funktionen

Viele Fernsteuerungen bieten auch die Möglichkeit, die Kennlinien mit Stützwerten selber zu definieren. Bei der in Bild 75 dargestellten Kennlinie sind beispielsweise drei Stützwerte nötig: bei -100 % Knüppelweg ist der Servoweg -50 %, bei 0 % Knüppelweg, also der Mittelstellung ist der Servoweg 0 % und bei +100 % Knüppelweg ist der Servoweg ebenfalls +100 %. Dazwischen werden die Werte interpoliert und das ergibt dann die dargestellte Kennlinie mit einem Knick in der Mitte.

Eine solche Kennlinie kann beispielsweise als Gaskennlinie bei einem Verbrennungsmotor eingesetzt werden. Wenn der Gasknüppel ganz unten bei -100 % steht, dann sollte der Motor im Standgas laufen. Das wäre für dieses Beispiel ein Servoweg von -50 %. Des Weiteren möchte man vielleicht bei der Mittelstellung, also der Knüppelstellung 0 % einen Vorwärtsflug oder eine Vorwärtsfahrt mit bevorzugtem Tempo, dann steht der Servo im Beispiel bei 0%. Für die maximale Knüppelstellung von 100% möchte man Vollgas, was im Beispiel einem Servoweg von +100% entspricht.

Bild 76 zeigt eine weitere selbst definierte Kennlinie, welche beispielsweise der Motorenkennlinie von Koaxialhubschraubern oder Quadrokoptern entsprechen könnte. Hier wurde speziell die Knüppelstellung 0 %, die Mittenposition also, mit demjenigen Servoweg definiert, welcher dem Schwebeflug entspricht. Als weitere Punkte wurden die Maximal- und Minimalwerte definiert. Es darf an dieser Stelle auch erwähnt werden, dass es sich hierbei eigentlich nicht um den Servoweg handelt, sondern um die Ansteuerung des Motorreglers. Koaxial-Hubschrauber und Quadrokopter werden ja meistens über die Drehzahl gesteuert. Alle in diesem Kapitel dargestellten Kennlinien gelten nicht nur für die Ansteuerung von Servos, sondern für alle Arten der Peripherie- Systeme.

6.6 Mischer

Bis hierhin wurden jeweils nur die Kennlinien von einzelnen Sevos verändert. Es wirkte dabei jeweils immer ein Kanal auf einen einzigen Servo oder Motorregler. In der Praxis kommt es jedoch sehr oft vor, dass beispielsweise zwei Kanäle gemeinsam auf zwei Servos wirken müssen, dass also eine Kopplung zwischen diesen besteht. Bild 77 stellt einen solchen Fall symbolisch dar. Diese Kopplung wird im Modellbau ‚Mischer' genannt. Auch hier gibt es verschiedene Arten, wie das bei den einzelnen Fernsteuersendern umgesetzt wird. Die einen Hersteller stellen nur einige Grundfunktionen wie beispielsweise das sogenannte V-Leitwerk zur Verfügung. Bei anderen gibt es für fast jeden Fall vorkonfigurierte Mischfunktionen, welche beliebig miteinander kombiniert werden kön-

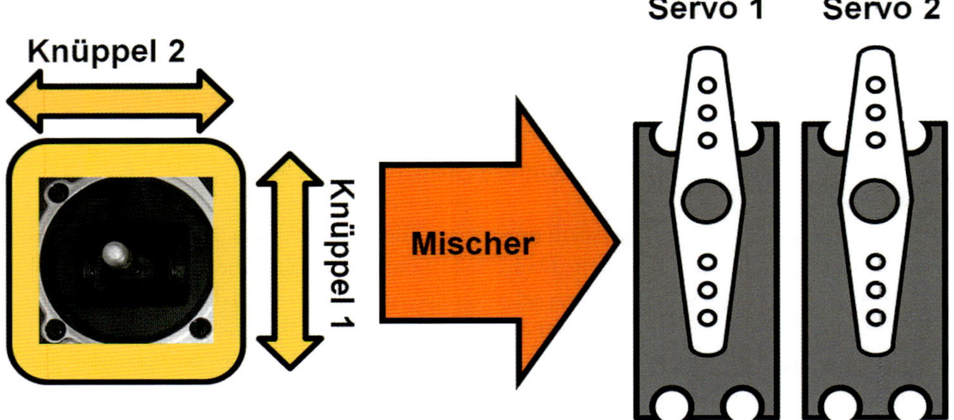

Bild 77: Zwei Knüppel werden auf zwei Servos gemischt.

nen. In der Folge werden einige typische Fälle für solche Mischfunktionen quer durch den Modellbau hindurch besprochen. Anspruch auf Vollständigkeit besteht dabei nicht.

6.6.1 Ein Kanal wirkt auf zwei oder mehr Servos

Das ist der häufigste vorkommende Fall. Bei großen Automodellen verfügt ein einziger Servo oftmals nicht über ein genügend großes Stelldrehmoment, um die Steuerung alleine vorzunehmen. Deshalb muss ein weiterer Servo dazu gemischt werden, welcher auf einen anderen Steckplatz beim Empfänger eingesteckt wird und dieselben Funktionen ausführt. Dafür gibt es viele weitere Beispiele. Das ist bei Schiffsmodellen mit zwei je rechts und links angeordneten Rudern, welche mit separaten Servos angesteuert werden ebenso der Fall, wie wenn zwei Servos bei einem Flugzeug die linke und die rechte Landeklappe ansteuern.

Bei Modellhubschauern ist sicher auch die Kopplung der Pitch- mit der Gasfunktion erwähnenswert. Werden die Rotorblätter stärker angestellt, so ist auch mehr Gas nötig, damit die Drehzahl gehalten werden kann. Es kann auch vorkommen, dass sich zwei Servos einander entgegengesetzt bewegen müssen, beispielsweise bei der Ansteuerung von Querrudern bei größeren Flugmodellen. Hierbei kann es auch vorkommen, dass die Auslenkung nach unten geringer sein soll als diejenige nach oben. Das folgt aus aerodynamischen Grundgesetzen, wonach das nach unten ausgelenkte Ruder eine größere Wirkung hat. Bei gleich ausschlagenden Rudern hat das ein Auslenken des Flugzeugs aus der gewünschten Richtung zur Folge. In diesem Falle müssen diese Querruderservos mit zwei selbst definierten Kennlinien ähnlich wie in Bild 75 programmiert und auf denselben Kanal gemischt werden.

6.6.2 Zwei Kanäle wirken auf zwei oder mehr Servos

Wenn ein Flugzeug ein V-Leitwerk besitzt, so ist die Funktion des Höhen- und des Seitenruders kombiniert. Somit müssen dann die beiden Kanäle des Höhen- und Seitenruders miteinander gemischt werden. Betätigt man nur den Höhenruderknüppel, bewegen sich beide Ruder des V-Leitwerks gleichmäßig, betätigt man den Seitenruderknüppel, so bewegen sie sich gegenläufig. Wie schon besprochen, haben viele Fernsteuerungen eine vorkonfigurierte Mischfunktion für diesen Spezialfall. Es gibt jedoch speziell bei Flug- und Helikoptermodellen noch weitere Mischfunktionen, bei welchen mehrere Kanäle miteinander gemischt werden. Ein Beispiel ist die Kopplung von Querruder und Seitenruder für einen schönen Kurvenflug, welche nur bei der betätigten Querruderfunktion aktiv ist. Bei der Betätigung des Seitenruders wirkt nur dieses allein.

Bei den Automodellen gibt es die Kombination bzw. die Mischung von Gas und Bremse. Wird nur die Bremse betätigt, so wirkt nur dieser Servo alleine. Wird jedoch der Gashebel zurückgenommen, kann je nach Ausführung ebenfalls noch eine zusätzliche Wirkung auf den Bremsservo dazugemischt werden.

Diese wenigen Beispiele zeigen auf, dass die Mischfunktionen im modernen Modellbau nicht wegzudenken sind, ja einen wesentlichen Bestandteil der Konfiguration ausmachen. Da dieses Buch bezüglich der Mischer nicht bei jedem Gebiet des Modellbaus tief genug ins Detail gehen kann, sei hier auf die entsprechende Spezialliteratur der Flug-, Heli-, Auto-, und Schiffsmodelle verwiesen.

6.7 Lehrer-/Schülerbetrieb

Damit ein ungeübter Modellpilot oder -kapitän von einem erfahreneren Kollegen unterstützt werden kann, besitzen viele Fernsteuerungen eine Lehrer-/Schüler-Funktion. Dabei haben sowohl der geübte Pilot oder Kapitän, der Lehrer, als auch der ungeübte Pilot oder Kapitän, der Schüler also, je einen eigenen Fernsteuersender in der Hand. Sie steuern aber beide dasselbe Modell. Eine typische Situation sieht für den Modellflug beispielsweise folgendermaßen aus: Der Lehrer startet das Modell und bringt es auf eine sinnvolle Flughöhe. In dieser Flugphase darf es jetzt der Schüler steuern. Bringt dieser das Modell ungewollt in eine kritische Phase, übernimmt der Lehrer sofort wieder die Kontrolle über das Fluggerät. Je nach der gewonnenen Erfahrung kann der Schüler nach und nach alle Flugphasen, vom Start bis zur Landung selber steuern.

6.7.1 Verbindung der Sender über Lehrer-/Schülerkabel

In den meisten Fällen sind die beiden Sender über ein spezielles Kabel miteinander verbunden. Dieses ist relativ kurz, vielleicht etwa 2 m lang. Das ist auch deshalb sinnvoll, weil die beiden Modellpiloten oder -kapitäne sowieso nebeneinander stehen, da sie sich ja auch absprechen, wer wann die Kontrolle über das Modell hat.

So sendet bei den meisten Systemen nur der Hochfrequenzverstärker eines der beiden Sender seine Signale zum Empfänger, meistens ist das derjenige des Lehrers. Er ist auch derjenige, welcher mit einem Schalter oder Taster bestimmt, ob der Schüler steuern darf oder ob er sich die Kontrolle zurückholt.

Aus Kompatibilitätsgründen funktioniert die Verbindung der Sender am besten bei Fernsteuerungen desselben Herstellers. Bei komplizierteren Modellen müssen auch die Modellspeicher und -Programmierungen mindestens bei den wichtigsten Funktionen gleich oder zumindest ähnlich sein. Auch die Einstellung der Trimmung sollte dieselbe sein. Es vereinfacht also die Sache erheblich, wenn beide Fernsteuerungen gleich funktionieren. Außerdem haben die Hersteller bei den Verbindungskabeln und -Steckern ebenfalls oft ihre eigenen Systeme.

Wenn nur der Hochfrequenzverstärker des einen Senders mit dem Empfänger kommuniziert, kann der andere auch ein MHz-Sender sein. Wie im letzten Kapitel dargestellt wurde, besitzen die heutigen Übertragungssignale meistens keine Kompatibilität untereinander. Die Hersteller sind aber beim Lehrer-/Schülerbetrieb bestrebt, wenigstens bei ihren eigenen Systemen (MHz- oder GHz-Sender) eine Kompatibilität zu erreichen. Da aber auch innerhalb der eigenen Marke oftmals nur PPM das einzige kompatible Signal ist, wird es sehr oft zur Kommunikation über das Verbindungskabel verwendet. Wenn man einen Lehrer- und einen Schülersender von unterschiedlichen Herstellern miteinander verbinden möchte, dann besteht sowieso meistens nur dann eine Chance, wenn beide mit PPM miteinander kommunizieren können. In diesem Falle muss man die Steckerbelegungen kennen, also auf welchem Pin welches Signal vorhanden ist. Im Internet wird man da oftmals fündig. Dann muss man sich die jeweiligen Stecker beschaffen und selber ein Kabel löten.

6.7.2 Verbindung der Sender über Telemetrie

Die heutigen 2,4-GHz-Fernsteuerungen sind oft telemetriefähig. Mehr dazu ist im nächsten Kapitel 7 zu erfahren. Dann besitzt jeder Sender einen eingebauten Empfänger, über welchen er Daten empfangen kann.

Man nennt das auch ‚Rückkanal' Hat man jetzt zwei Sender desselben Herstellers, welche beide telemetriefähig sind, dann kann das Verbindungskabel für den Lehrer-/Schülerbetrieb entfallen, sofern das in der Software berücksichtigt ist. Die beiden Sender können in diesem Falle über den Rückkanal miteinander kommunizieren. Ob dann nur ein Sender mit dem Empfänger des Modells und dem anderen Sender kommuniziert oder ob beide Sender mit dem Modell kommunizieren, hängt von den jeweiligen Herstellern ab. Da jedoch hier die Kompatibilität auf die Marke beschränkt ist und es auch nötig ist, dass ein Rückkanal vorhanden ist, wird der drahtlose Lehrer-/Schülerbetrieb eher selten angewendet.

Beim Lehrer-/Schülerbetrieb arbeiten immer zwei Sender mit einem Empfänger zusammen. Deshalb ist diese Konfiguration in der Anwendung komplizierter, als wenn nur ein Sender mit einem Empfänger kommunizieren würde. Ein wichtiger Grundsatz des Lehrer-/Schülerbetriebs soll deshalb am Schluss des Kapitels stehen und auf jeden Fall beherzigt werden:

Im Lehrer-/Schülerbetrieb sollten alle Funktionen vor dem Start des Modells überprüft werden. Das betrifft insbesondere auch die Übergabe der Kommandos vom Lehrer zum Schüler und umgekehrt.

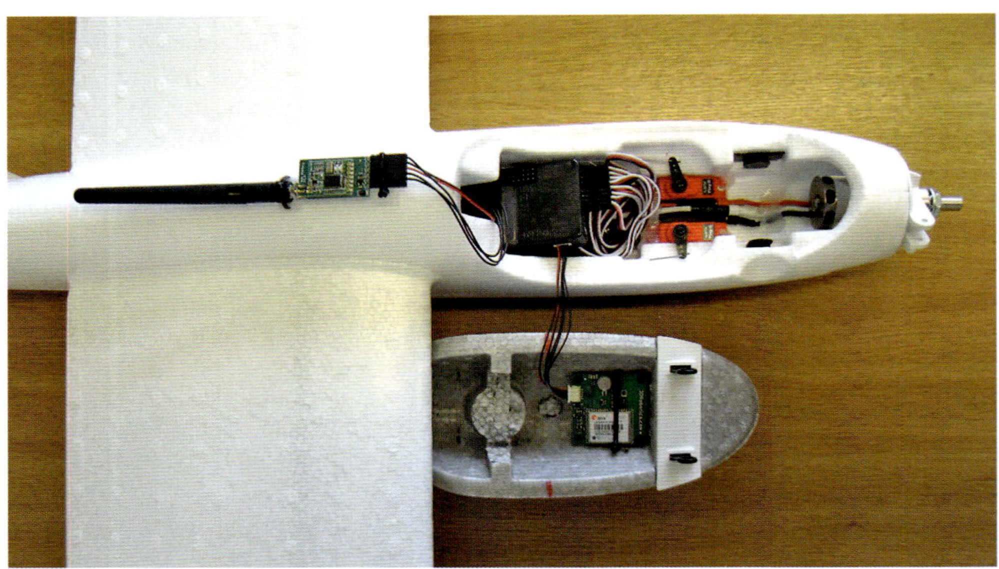

Bild 78: Mikroprozessorsystem, welches im Modell eingebaut wird.

6.8 Programmierung eines Mikroprozessors beim Empfänger

Die Programmierung der bereits in Kapitel 2.2 und bei der Besprechung von PCM in Bild 44 vorgestellten ‚Hold'- und ‚Fail Safe'-Funktionen geschieht ebenfalls meistens über den Sender, welcher die Signale zum Empfänger übermittelt. Der Empfänger kann also, einmal von dieser Ausnahme abgesehen, nicht oder nur sehr beschränkt programmiert werden. Die gesamte Konfiguration von Modellen und alles, was besprochen wurde, wird also im Sender vorgenommen.

Und doch gibt es im Modellbau Anwendungen, bei welchem die Programmierung hauptsächlich beim Modell geschieht. Bild 78 zeigt ein Mikroprozessorsystem, welches zwischen den Empfänger und die Servos geschaltet wurde.

Solche Mikroprozessorsysteme besitzen oftmals verschiedene Sensoren, welche Zusatzinformationen für die direkte Weiterverarbeitung im Modell beinhalten. Das wären beispielsweise GPS, oder auch Lagesensoren in allen Achsen, welche auch IMU für ‚Inertial Measurement Unit' genannt werden, Luftdrucksensoren oder vieles mehr. Viele Modellbauer sind von diesen technischen Möglichkeiten begeistert. Sie programmieren die Mikroprozessorkarten so, dass ihre Flugzeuge, Schiffe, Autos, Hubschrauber oder Quadrokopter damit selbstständig Punkte anfliegen oder ganze vordefinierte Routen abfahren oder fliegen können. Hier verschmilzt der technische Modellbau dann mit der angewandten Wissenschaft. Einige Systeme beinhalten auch Anschlüsse für Videokameras. Sie können dann Bilddaten speichern oder diese mit einer eigenen Übertragung zu einer Bodenstation senden. So kann dann das Geschehen aus der Perspektive des Modells auf einem Monitor direkt mitverfolgt werden. Das im Bild gezeigte System besitzt ein in der Haube eingebautes GPS für den Abflug von Routen und einen auf der Rumpfoberseite montierten Sender, um die Daten zur Bodenstation zu übermitteln. Selbstverständlich können alle im Kapitel 6 besprochenen Funktionen ebenfalls auf diesen Mikroprozessorkarten programmiert werden. Es gibt auch schon einige Hersteller, welche für verschiedene Funktionen Programmroutinen zur Verfügung stellen. Oftmals sind die Codes auch so genannt ‚open source', sie werden also von allen Programmierern zur freien Verfügbarkeit in das Internet gestellt.

Die Programmierung solcher Mikroprozessor-Boards ist jedoch aufwändiger, als wenn man sie mit einem vorkonfigurierten Fernsteuersender vornimmt. Da sie dann jedoch hauptsächlich auf der Seite des Modells vorgenommen wird, werden auf der Seite des Senders nur wenige oder gar keine Spezialfunktionen benötigt. Eigentlich ist das fast der sinnvollere Weg, da man dann nicht den Fernsteuersender mit verschiedenen Modellspeichern auf die einzelnen Modelle konfiguriert, sondern eben das Modell selbst. Es ist jedoch heute nicht absehbar, dass sich die Philosophie der Konfiguration oder Programmierung auf der Modellseite im breiten Modellbausport durchsetzen wird. Eine Überlegung in diese Richtung anzustellen, sei jedoch an dieser Stelle erlaubt.

6.9 Fernsteuerungen in der Zukunft

Der Kreuzknüppel, welcher in Bild 3 dargestellt ist, prägt das Erscheinungsbild der Fernsteuersender seit etwa 1970. Auch heute noch erscheint es sinnvoll, dass die jeweils zwei Kanäle mit beiden Händen auf diese Weise gesteuert werden können. In der Zeit seit damals hat sich viel bewegt hinsichtlich der Übertragungsart, Modulation oder Flexibilität bei der Programmierung. Diese wichtigste Benutzerschnittstelle ist jedoch gleich geblieben. Und doch gibt es heute neuere Ansätze, wie ein Pilot oder Kapitän auf sein Modell Einfluss nehmen kann. Bild 79

Bild 79: Smartphone zur Steuerung eines Quadrocopters .

zeigt ein Smartphone, welches als Steuerung eines Quadrocopters dient.

Smartphones sind heute mit verschiedenen Sensoren ausgerüstet, welche die Positionen und speziell auch die Orientierung in allen Raumwinkeln erfassen. Drückt man auf einen auf dem Display dargestellten virtuellen Knopf, so wird diese Orientierung als Sollwert für die Raumwinkel des Quadrokopters gesendet. Wird das Smartphone also geneigt, neigt sich der Quadrokopter ebenfalls in dieselbe Richtung. Außerdem kann der Quadrokopter mit einem eingebauten Kompass auch seine Orientierung im Vergleich zum Piloten messen. So kann in einen weiteren Modus geschaltet werden, bei welchem sich der Quadrokopter unabhängig von seiner relativen Lage immer in dieselbe Richtung neigt wie das Smartphone. Das alles funktioniert ohne Kreuzknüppel.

Vorne und hinten eingebaute Kameras können direkt auf das Display übertragen werden. Die Bilddaten können dabei auf dem Smartphone selbst abgespeichert werden. Mit einer aus der modernen Informatik bekannten ‚Augmented Reality', können auf demselben Bildschirm zusätzlich weitere Informationen wie beispielsweise die Höhe oder virtuelle Hindernisse dargestellt werden. Mit der Betätigung eines weiteren virtuellen Knopfs macht der Quadrokopter auch selbstständig Loopings. Noch zu Beginn des 21. Jahrhunderts hätte sich wahrscheinlich niemand vorstellen können, dass es innerhalb von wenigen Jahren plötzlich solche Geräte zu kaufen gibt. Immer ausgeklügeltere Sensoren und auf die Berührung empfindliche Displays lösen zusammen mit einer geeigneten Software verschiedenste Aufgaben des Alltags. Jeder hat sie in der Tasche und die Funktion von Telefon und anderem, beispielsweise eben diejenige einer Fernsteuerung, verschmelzen mit der entsprechenden Software miteinander. Außerdem ist damit wesentlich mehr an Interaktion möglich, als es eine normale Fernsteuerung bieten kann. Die Steuerung des Modells aufgrund der Neigung stellt eine ganz neue Art der Benutzerschnittstelle dar.

Man möge an dieser Stelle kurz innehalten und sich fragen, was denn die Zukunft in dieser Hinsicht noch alles bringen könnte. Da es also bereits mit den Smartphones gänzlich ohne die für lange Zeit als unentbehrlich geltenden Knüppel geht, darf man gespannt sein auf neue Lösungen. Sind es wohl Smartphones mit 3D-Display und solche mit 3D-Interaktion? Es ist durchaus möglich, dass die Fernsteuerung der Zukunft gar keine offensichtlichen Gemeinsamkeiten mehr hat mit dem, was wir heute unter diesem Begriff verstehen und kennen.

7. Telemetrie

Wie der Name der Fernsteuerung es schon verrät, wurde sie eigentlich ursprünglich nur darauf ausgelegt, dem Modell Steuerbefehle zu übermitteln. Doch selbstverständlich kann es auch interessant sein, dass Daten vom Modell an den Benutzer übertragen werden. Bild 80 zeigt, wie das gemeint ist.

Diese Daten können ganz verschiedener Art sein. Beispiele dafür sind: Stärke und Qualität des Empfangssignals, Spannung des Empfängerakkus, Motorstrom, Motordrehzahl, Motortemperatur, Motorreglertemperatur, Spannung des Fahrakkus, Tankinhalt, Höhenmessung, Positionsmessung, Geschwindigkeit usw. Das alles wird unter dem Oberbegriff ‚Telemetrie' oder ‚Bidirektionale Kommunikation' geführt.

Die Hersteller der heutigen Fernsteueranlagen bieten telemetriefähige Systeme in verschiedenen Varianten an. Telemetrie ist heute bereits in der Grundausstattung der Sender und Empfänger enthalten. Dieses Kapitel beschreibt in der Folge, welche Arten der bidirektionalen Kommunikation in der Praxis angewendet und wie die Daten dem Benutzer zugänglich gemacht werden, welche verschiedenen Philosophien der Verkabelung es gibt und auch, welche Sensorprinzipien eingesetzt werden.

7.1 Bidirektionale Kommunikation

7.1.1 Unabhängige Datenübertragung

Die einfachste Variante der bidirektionalen Kommunikation ist eine von der Fernsteuerung unabhängige Datenübertragung. Somit muss die Fernsteuerung dann auch nicht telemetriefähig sein, sondern kann sich ganz auf die Kommunikation vom Sender zum Empfänger konzentrieren. Ein Beispiel für eine unabhän-

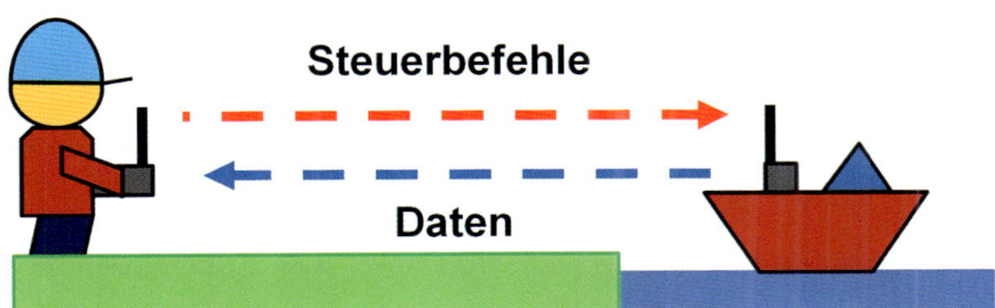

Bild 80: Telemetrie.

gige Übertragung ist eine Videokamera, welche die Daten direkt zum PC oder zu einem Smartphone sendet. Dort können die Daten entweder abgespeichert oder direkt von einem zweiten Benutzer beobachtet werden. Von einigen Herstellern werden auch spezielle Displays angeboten, welche direkt auf die Fernsteuerung montiert werden können. Diese Daten kann dann der Modellpilot oder -kapitän gut beobachten. Wenn diese Systeme ebenfalls auf 2,4 GHz senden, ist etwas Vorsicht geboten, da diese gleichzeitig und am selben Ort wie die Fernsteuerung senden und empfangen. Somit könnten sie die Kommunikation von dieser stören, falls sie mit einer zu hohen Leistung senden. In einigen Ländern gibt es die Möglichkeit der Datenübertragung auf 433 MHz und 434 MHz. Diese stört die 2,4-GHz-Übertragung der Fernsteuerung nicht. Eine bidirektionale Übertragung, welche mit zwei Datenkanälen in beide Richtung gleichzeitig senden und empfangen kann, wird Vollduplex genannt.

7.1.2 Datenübertragung über den Rückkanal

Telemetriefähige Fernsteuersysteme setzen ein- und dasselbe System für die bidirektionale Kommunikation ein. Wie bereits in Kapitel 5.7 behandelt wurde, senden die modernen Fernsteuerungen nur zu einem Bruchteil der ganzen Zeit. Da die Empfängerantennen mit der entsprechenden Elektronik auch senden können und die Senderantennen umgekehrt auch empfangen, können sie auch einmal kurz auf diesen Betrieb umgeschaltet werden. Das wird auch Datenübertragung auf dem Rückkanal genannt. Die Leistung auf dem Rückkanal ist meistens kleiner als diejenige des Senders. Bei einigen Systemen kann das jedoch bis zu einem erlaubten Maximum eingestellt werden. Außerdem wird auf dem Rückkanal weniger häufig gesendet. Der Vorteil der Datenübertragung auf dem Rückkanal gegenüber der unabhängigen Datenübertragung ist, dass niemals gleichzeitig in beide Richtungen gesendet und empfangen werden kann. Diese Betriebsart wird in der Nachrichtentechnik auch Halbduplex genannt. Deshalb wird diese Übertragungsart nie die Steuerung des Modells stören oder gefährden. Außerdem können damit wichtige Informationen über das Empfangssystem selbst übermittelt werden. Das sind beispielsweise die Stärke und Qualität des empfangenen Signals oder der Ladezustand des Empfängerakkus.

7.2 Systemübersicht und Verkabelung

Wie die meisten Hersteller bei der Übertragung ihre eigenen Standards verfolgen, ist das auch bei der Telemetrie der Fall. Die Verkabelung der Sensoren ist nicht einheitlich gelöst. Dieses Kapitel zeigt einige Systemvarianten für die Datenübertragung über den Rückkanal.

Auf der in Bild 81 gezeigten Darstellung sind die Sensoren mit einem Bussystem miteinander verbunden. Das wird bei einigen Systemen so gelöst, dass es nur eine einzige Buchse beim Empfänger gibt. Alle Sensoren sind dann hintereinander aufgereiht, wobei jeweils der nächste in eine Buchse des letzten eingesteckt wird. Ein Beispiel dafür ist der sogenannte MSB, der Multiplex Sensor Bus. Für diesen gibt es von verschiedenen Herstellern kompatible Sensoren. Es ist bei einigen Systemen auch möglich, weitere Sensoren entweder direkt beim Empfänger einzustecken, oder die Steckplätze über sogenannte Y-Kabel zu erweitern. ‚Y' heißt in diesem Falle, dass zwei Buchsen auf einen Stecker führen.

Bild 82 zeigt eine weitere Möglichkeit für die Verkabelung mit einem speziellen Sensor-Modul. Dieses wird mit dem Empfänger verbunden. Andererseits stellt es auch einige Steckplätze für verschiedene Sensoren zur Verfügung. Bei der im Bild dargestellten Version werden zudem auch gleich die Akkuzuleitungen über das Modul geführt. So ist eine Strom- und

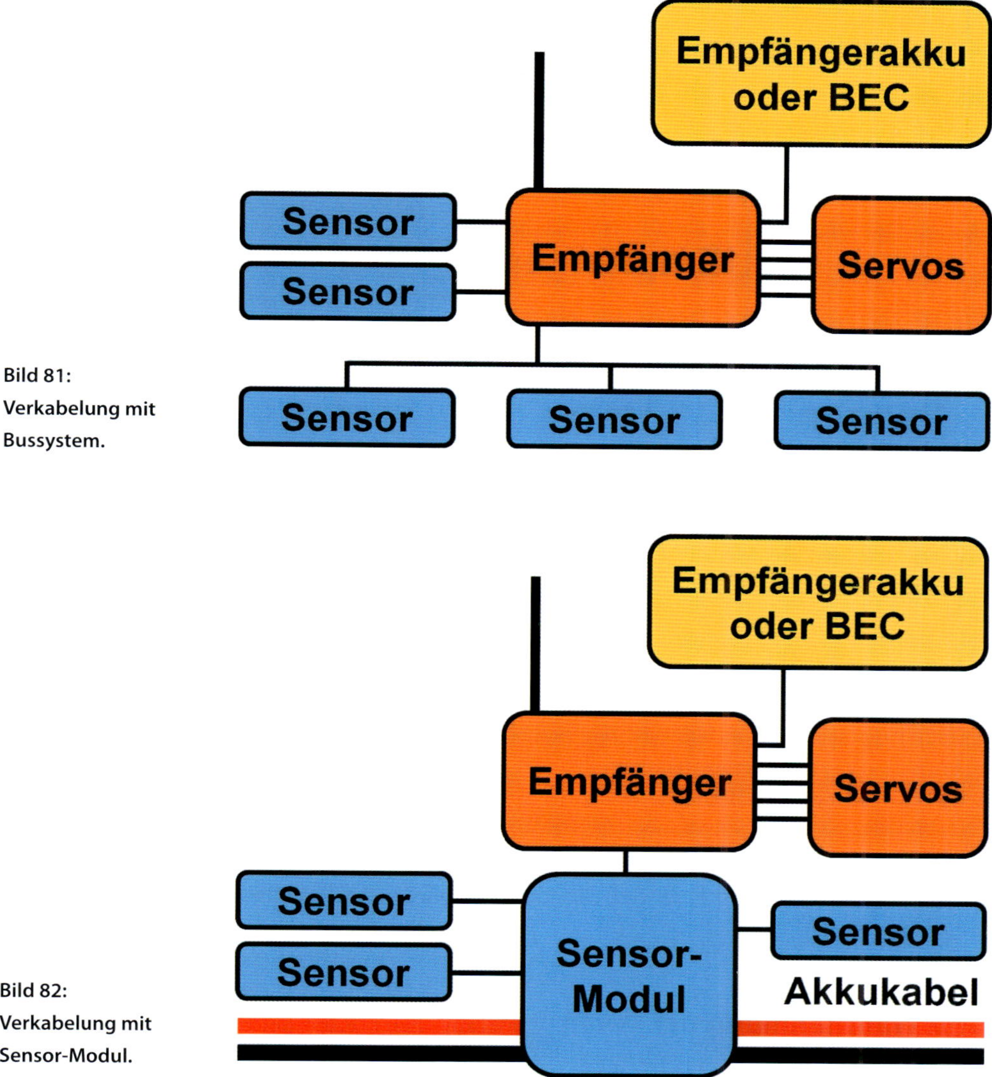

Bild 81: Verkabelung mit Bussystem.

Bild 82: Verkabelung mit Sensor-Modul.

Spannungsmessung möglich. Die intelligente Sensortechnik kann auch die Ladungsmenge in mAh berechnen, also weiß der Modellpilot oder -kapitän sogar über den aktuellen Ladungszustand des Akkus Bescheid.

Einige Systeme benutzen für den Rückkanal nicht den Empfänger selbst, sondern ein dort einsteckbares Zusatzmodul. Damit wird ebenfalls gewährleistet, dass in beide Richtungen koordiniert gesendet und empfangen wird. Beim Zusatzmodul können dann außerdem auch direkt die entsprechenden Sensoren eingesteckt werden. Bild 83 zeigt diese Lösung. Der Autor hat mit den Bildern 80 bis 83 ver-

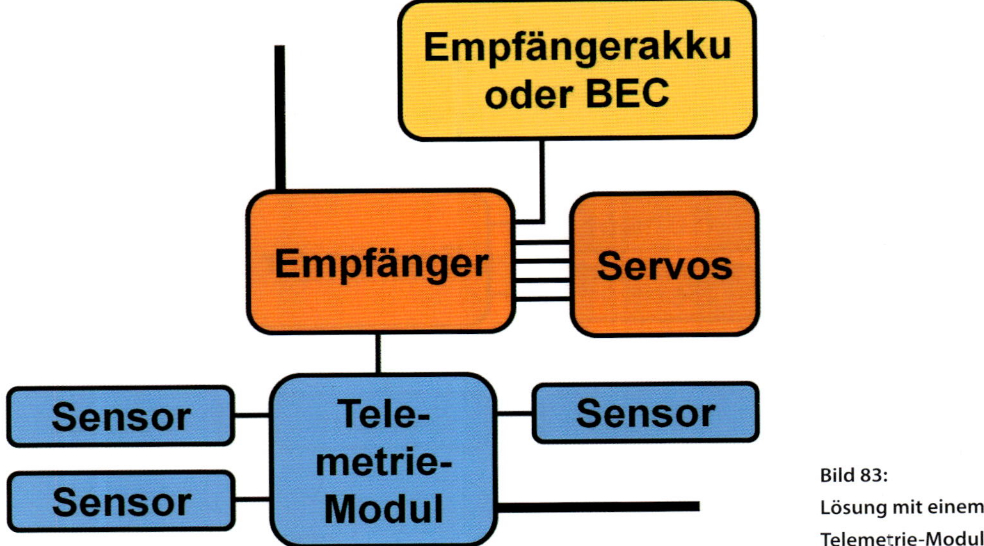

Bild 83:
Lösung mit einem Telemetrie-Modul.

sucht, eine Zusammenfassung über die verfügbaren Systeme zu geben. Es sind auch Kombinationen von den drei Systemen denkbar, beispielsweise könnten mehrere Sensoren auf einem Bus hintereinandergeschaltet und zusätzlich ein Sensormodul in Betrieb sein. Die Technik der Telemetrie ist zu Beginn des 21. Jahrhunderts halt noch jung und es hat sich bisher kein eigentlicher Standard herauskristallisiert.

7.3 Visualisierung bzw. Wahrnehmung der Daten

Die vielen anfallenden Daten wollen selbstverständlich auch auf eine Art und Weise zum Benutzer gelangen. Da dieser jedoch seinem Modell bei der Steuerung meistens die volle Konzentration widmen muss, ist die Visualisierung der Daten ein nicht einfach zu lösendes Thema. Selbstverständlich kommt es immer darauf an, ob noch eine zweite Hilfskraft auf dem Platz ist, welche sich der Datenauswertung widmen kann. In der Folge werden einige Beispiele diskutiert.

7.3.1 Displays

Bei den telemetriefähigen Fernsteuerungen werden die Daten meistens über das sowieso schon vorhandene Display ausgegeben. Selbstverständlich ist es über die Menü-Steuerung auch möglich, eine Selektion der dargestellten Sensorwerte vorzunehmen. Die eingebauten Displays sind jedoch während der Steuerung des Modells oftmals nicht im Blickfeld des Benutzers. Ihre Hauptaufgabe ist eigentlich die Programmierung der Fernsteuerung. Aus diesem Grund werden oft auch extra große Displays am oberen Rand der Fernsteuerung montiert. Diese sind dann eher im Blickfeld und extra für die Darstellung der Telemetriedaten entwickelt worden. Bild 84 zeigt eine solche Lösung.

7.3.2 Off-Line Visualisierung

Da viele Modellpiloten und -kapitäne während der Steuerung keine Telemetriedaten anschauen wollen, gibt es auch die Möglichkeit der Speicherung. In Kapitel 6.2 wird besprochen, dass heutige Fernsteuerungen oftmals über Speicherkarten verfügen. Neben den Modellspeichern und der Konfiguration können darauf ebenfalls die Daten der Telemetrie abgespeichert werden. Wenn die zuvor gespeicherten Daten erst nach dem Modelleinsatz auf dem Display oder dem PC dargestellt werden, spricht man von einer Off-Line-Visualisierung. Eigentlich würde man dafür nicht unbedingt Telemetrie benötigen. Es gibt auch Flugschreiber-Module, welche die Sensordaten direkt im Modell zwischenspeichern. Ebenso sind kleine Kameras mit integriertem Speicher eigentlich Flugschreiber.

7.3.3 Sprachausgabe

Gerade weil der Blick während der Steuerung auf das Modell gerichtet sein muss, suchen die Hersteller nach Möglichkeiten, die anderen menschlichen Sinne zu nutzen. Die heutige Mikrocomputertechnologie macht die Entwicklung von Fernsteuerungen möglich, welche auch Sprachinformation ausgeben können. Solche Systeme sind ebenfalls so programmierbar, dass beispielsweise auf Tastendruck nur gerade diejenigen Informationen mitgeteilt werden, welche den Benutzer interessieren, wie beispielsweise die Spannungen des Empfänger- oder Fahrakkus oder der Pegel des Empfangssignals.

7.3.4 Welche Daten sind sinnvoll?

Was soll ich mit all diesen Daten anfangen?‘, könnte ein eingefleischter Modellbauer jetzt sagen. Beim Thema Telemetrie stellen sich sehr viele Modellpiloten und -kapitäne auf den Standpunkt, dass sie einfach nur ihr Modell steuern, und dabei diesem die volle Konzentration widmen möchten. Nicht jeder Mensch fühlt sich wohl, wenn gleichzeitig viele Informationen mit verschiedenen Sinnen erfasst werden möchten. Der eine stört sich gänzlich an jeglicher Datenausgabe während des im Betrieb befindenden Modells. Ein anderer möchte vielleicht einige wichtige Eckdaten erfahren, während noch ein anderer gar nicht genug Daten finden kann, welche er gerne überwachen möchte.

Bild 84: Smartphone zur Darstellung der Telemetriedaten.

Aus diesem Grund muss jeder die obige Frage individuell beantworten. Das muss man für sich wahrscheinlich etwas austesten. In jedem Falle geht es darum, dass hier jeder für sich den richtigen Weg wählt und sich das darstellt, was für ihn einen Mehrwert bei der Steuerung des Modells ergibt. Es gibt eben verschiedene Ziele, welche mit den Telemetriedaten verfolgt werden können. Das kann als Beispiel der Vergleich des Stromverbrauchs bei verschiedenen Propellern sein oder die Aufnahme des zurückgelegten Weges mit GPS. Der Fantasie sind hier fast keine Grenzen gesetzt.

7.4 Eingesetzte Sensoren

Die meisten Systeme bieten heute einige Grundtypen von Sensoren zur Auswahl. Das Angebot wird jedoch ständig ergänzt. Die spezifischen Herstellerseiten sind im Einzelfall immer aktueller, als es dieses Buch sein kann. Dieses Kapitel soll jedoch einen Überblick über die eingesetzten Sensoren und deren Funktionsweise geben.

7.4.1 Spannungsmessung

Die Spannung wird meistens vom Empfängerakku und/oder vom Fahrakku gemessen. Bild 85 zeigt einen solchen Sensor. In dieser Ausführung können gleich zwei Spannungen separat gemessen werden. Dafür werden jeweils der Plus- und Minuspol an den beiden dafür vorgesehenen Eingängen angeschlossen. Die Spannungsmessung ist ein relativ einfach zu realisierender Sensor. Die angelegte Spannung wird dazu mit einem Analog-/Digitalwandler konvertiert und danach von einem Mikroprozessor in eine Datenform umgewandelt, welche weiterverarbeitet werden kann.

7.4.2 Strommessung

Der Strom wird in der einfachsten Form mit einem so genannten Shunt-Widerstand gemessen. Dazu muss die Zuleitung über diesen Sensor geführt werden. Schematisch kann man sich das etwa so vorstellen, wie es in Bild 82 dargestellt wird. Der Shunt-Widerstand hat einen sehr kleinen Widerstandswert von wenigen Milliohm und daraus ergibt sich ein Spannungsabfall, welcher nach dem Ohm'schen Gesetz gleich dem Widerstand multipliziert mit dem Strom ist. Faktisch generiert das kleine Verluste, da dann weniger Spannung für den Antrieb zur Verfügung steht. Diese sind jedoch sehr klein und fallen kaum ins Gewicht.

Stromführende Leiter verursachen Magnetfelder. Zwischen Strom und Magnetfeld besteht ein proportionaler Zusammenhang. Etwas teurere Strommessgeräte verwenden anstelle von Shunt-Widerständen Hall-Sensoren, welche die Magnetfelder berührungs- und verlustlos messen können.

Viele Stromsensoren können den noch im Akku verbleibenden Ladungsinhalt in Ampèrestunden berechnen. Dazu muss der Strom einfach über die Zeit aufgerechnet bzw. aufintegriert werden. Diese Werte stehen dann als Telemetriedaten zur Verfügung und können beispielsweise zusammen mit Warnschwellen ausgegeben werden.

7.4.3 Temperaturmessung

Bei Akkus, Motoren und Reglern ist eine Temperaturmessung speziell dann sinnvoll, wenn sie im Rumpf verbaut sind und sich in keinem Luftstrom befinden. Dazu werden meistens Platinwiderstände eingesetzt. Diese verändern ihren Wert in Abhängigkeit von der Temperatur und können mit einer einfachen Elektronik ausgewertet werden.

Bild 85: Spannungsmessung.

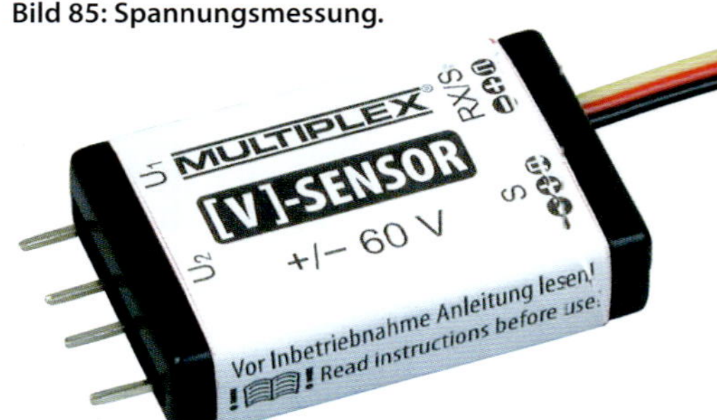

7.4.4 Drehzahlmessung

Die meisten Drehzahlsensoren arbeiten optisch. Dabei sendet eine Infrarot-Leuchtdiode einen Lichtstrahl aus, welcher vom drehenden Objekt, beispielsweise dem Propeller, reflektiert wird. Ein einem Fototransistor nachgeschalteter Mikroprozessor wertet die Frequenz des zurückkommenden Lichtpulses aus und berechnet dabei die Drehzahl. Diese Variante ist manchmal etwas anfällig auf Fremdlicht, beispielsweise auf Sonneneinstrahlung. Deshalb gibt es auch hier die Variante mit Hall-Sensoren. Diese misst dann zwar die Drehzahl zuverlässiger, es muss jedoch dafür ein magnetisches Plättchen auf dem drehenden Objekt montiert werden.

7.4.5 GPS

GPS-Module sind für viele technische Anwendungen verfügbar. Bild 86 zeigt ein Beispiel für den Modellbau. Diese Module stellen dem Benutzer dreidimensionale Telemetriedaten zur Verfügung. Außer den Koordinaten wird auch die Höhe zurückgemeldet. Da GPS nur auf etwa 10 m genau ist, sind die Höhenangaben meistens nicht für den Modellbau geeignet. Eine Höhe von 10 m mehr oder weniger ist oftmals entscheidend, deshalb wird zur Höhenmessung meistens ein Luftdrucksensor verwendet.

7.4.6 Geschwindigkeitsmessung mittels Staudruck

GPS-Module messen die absolute Geschwindigkeit mit der Referenz zur Erde. In der Luftfahrt wird das auch Groundspeed oder Geschwindigkeit über Grund genannt. Da sich Flugmodelle jedoch im Medium Luft bewegen, kann es auch interessant sein, den so genannten Airspeed bzw. die Geschwindigkeit in der Luft zu bestimmen. Nur bei Windstille sind Groundspeed und Airspeed identisch, sonst sind sie unterschiedlich.

Dafür sind im Modellbau Telemetriesensoren erhältlich. Der Airspeed wird bei den meisten Sensoren über den Staudruck gemessen.

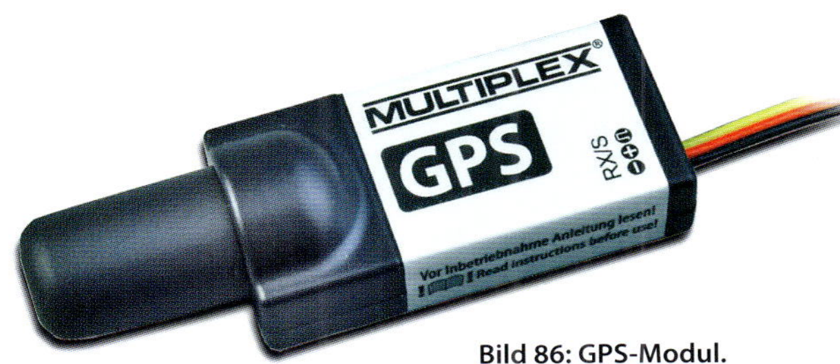

Bild 86: GPS-Modul.

Dazu wird ein Rohr mit einem Luftdrucksensor möglichst vorne am Modell platziert. Durch die Geschwindigkeit misst der Sensor einen höheren Druck. Da dieser absolut gesehen jedoch vom Wetter abhängig ist, wird ein zweiter Sensor so geschützt montiert, dass er nur den Luftdruck misst. Die Differenz dieser beiden Sensorwerte ist dann ein Maß für den Airspeed.

7.4.7 Höhenmessung

Mit steigender Höhe über dem Meer nimmt der Luftdruck ab. Viele Höhenmesser bestimmen deshalb Ihre Daten über diese Größe. Auf eine Membran wirkt auf der einen Seite ein Referenzdruck, welcher mit einer hermetisch abgeschlossenen Dose erreicht wird. Auf der anderen Seite wirkt der effektive Luftdruck und erzeugt so eine Verformung. Diese ist umso größer, je größer der Unterschied zwischen Referenzdruck und Luftdruck ist. Diese Verformung kann nun gemessen werden und ist ein Maß für die Höhe.

Das Problem hierbei ist die Eichung, da der Luftdruck auch vom Wetter abhängt. Eicht man vor dem Start, kann man jedoch eine Höhe über dem Boden messen. Das genügt in den meisten Fällen. Es gibt jedoch auch kombinierte Höhensensoren, welche die absolute Höhe grob mit GPS bestimmen und für die Feinauflösung den Luftdrucksensor verwenden.

7.4.8 Empfangssignal, Empfangsqualität

Um das Empfangssignal und die Empfangsqualität zu messen, wird kein spezieller Sensor benötigt. Diese Daten stehen beim Empfänger bereit. Bei den meisten telemetriefähigen Systemen sind sie ein fester Bestandteil.

8 First Person View, FPV

First Person View, abgekürzt FPV, heißt übersetzt etwa „Sicht aus der Ich-Perspektive". Fliegt oder fährt man in einem Schiff, Flug- oder Fahrzeug, dann bewegt man sich mit diesem mit und sitzt auch mittendrin im Geschehen. Man spürt das mit allen Sinnen. Man spürt beispielsweise die Beschleunigung und das Bremsen und man hört auch die entsprechenden Motorgeräusche. Der Mensch nimmt seine Umgebung aber auch in sehr hohem Masse visuell wahr. Und so ist auch die Steuerung von Flug-, Fahrzeugen oder Booten sehr stark von seinen visuellen Fähigkeiten geprägt. Vergleicht man den Anteil von spüren von Beschleunigungen und Bremsen, hören von Motorgeräuschen und der visuellen Wahrnehmung, so stellt man fest, dass letztere bei weitem überwiegt. Man kann sich im Extremfall sogar vorstellen, all die Boote, Flug- und Fahrzeuge nur mit der visuellen Wahrnehmung alleine zu steuern.

Im Grunde genommen macht man ja auch genau das, wenn man ein Modell fernsteuert. Stellt man sich als Beispiel einmal ein motorloses ferngesteuertes Segelboot oder Segelflugzeug vor, dann hört und spürt man es nicht. Man ist so eigentlich vollständig auf den visuellen Kontakt mit dem System angewiesen und führt auch die ganze Steuerung so durch.

8.1 FPV, der Unterschied zur normalen Steuerung

Auch die Simulationsprogramme im Modellflug arbeiten so. Der Pilot erfasst sein Modell visuell am Bildschirm und hört über die Lautsprecher auch den Motorsound. Seine Fernsteuerung ist mit einer Schnittstelle mit dem PC verbunden. So kann er die vom Programm bereitgestellten Flugmodelle ziemlich realitätsnah steuern. Flugsimulatoren, welche zu Ausbildungs- und Übungszwecken für die Piloten von Flugzeugen eingesetzt werden, funktionieren freilich etwas anders. Der Pilot steigt dazu in ein Simulations- Cockpit, welches aber im Vergleich zum realen Cockpit am Boden verankert ist. Sonst ist es aber in jeder Hinsicht einem realen Cockpit nachempfunden. Es hat dieselben Armaturen und es hat dieselben Bedienungsmöglichkeiten. Außerdem ist es beweglich montiert und neigt sich bei Beschleunigungs- und Bremsmanövern entsprechend. Und anstelle der Frontscheiben sind hochauflösende Computerbildschirme eingebaut. Der zentrale Computer des Simulators berechnet nun bei allen Flugmanövern, wie sich das reale System verhalten würde und führt auch die Bildschirmgrafiken entsprechend nach. Der Pilot sieht auf den Bildschirmen genau dasselbe, was er auch beim Blick aus einem realen Cockpit sehen würde. Außerdem wird auch die Neigung berechnet und umgesetzt, sodass der Pilot das Cockpit mit allen Sinnen wahrnimmt.

Sowohl in der Realität als auch in der Simulation gibt es einen entscheidenden Unterschied zwischen der Art, wie man Modelle fernsteuert, und derjenigen, wie man richtige Schiffsmodelle sowie Flug- und Fahrzeuge steuert. Die ferngesteuerten Modelle nimmt man sozusagen von außen wahr. Man sieht sie aus der Zuschauer-

Bild 87: Auf einen Quadrocopter montierte Kamera

perspektive und man steuert sie auch so.

Die richtigen Schiffe, Flug- und Fahrzeuge werden von der Ich-Perspektive aus gesteuert. Der Kapitän und Pilot ist also immer selbst auf der Brücke oder im Cockpit anwesend. Und genau hier setzt „First Person View" an. Der Modell-Kapitän oder Pilot soll sich eben genau so fühlen können, wie die „richtigen" Kapitäne oder Piloten. Wie oben bereits erwähnt, würde dazu eigentlich noch mehr gehören als nur die visuelle Ich-Perspektive. Auch der Hörsinn oder das Spüren von Beschleunigungen würden die Realitätsnähe fördern. Für die Realisierung von Beschleunigungen wären jedoch mindestens bewegte Sitzschalen nötig. Deshalb beschränkt sich die praktische Ich-Perspektive im Modellbau meistens nur auf die Darstellung der bewegten Bilder, mit Kameras, deren Übertragung und Visualisierung. Auch das „View" im Namen verrät das schon. In den ersten Jahren des 21. Jahrhunderts hat die Technik der Kamerasysteme und der Bildübertragung große Fortschritte gemacht. Auch die Visualisierung mit auf die Fernsteuerung angebauten oder gar integrierten Monitoren ist heute auf einem guten Technikstand, ganz zu schweigen von den Videobrillen. Parallel dazu wird diese Entwicklung auch vom Modellbau unterstützt. Die heute relativ junge Modellbausparte der Quadrocopter ist ganz besonders für die Kombination mit Kameras und FPV geeignet. Es ist mit solchen Fluggeräten möglich, ruhig an Ort und Stelle zu schweben und auch dreh- und schwenkbare Kamerasysteme mitzutragen.

8.2 Visualisierung

8.2.1 Offline Visualisierung

Der Begriff FPV beginnt aber eigentlich schon mit ganz einfachen Mitteln. Man kann in seinem Modell einfach eine Kamera mit großem Speicherchip mit der Sicht nach vorne oder der Seite montieren. Je nach Speicherplatz und Einstellmöglichkeiten kann man dann die Kamera entweder Filme während des gesamten Fluges oder auch in gewissen Abständen einzelne Bilder aufnehmen lassen. Nach dem Flug liest man den Speicherchip der Kamera aus und stellt die Bilder auf dem Computer dar.

Dieses mit sehr wenig Aufwand durchführbare Setup ist auch schon FPV. Auch hier kann man schon Flugbilder aus der Ich-Perspektive sehen. Offline Visualisierung heißt in diesem Zusammenhang, dass man die Bilder oder Filme nicht schon während des Fluges sieht, sondern man sich bis nach dem Flug gedulden muss. Wenn einem dann die entstandenen Bilder und Filme nicht gefallen, muss man den Flug wiederholen, vielleicht mit einer anderen Kameramontage oder -Einstellung. Es wird in diesem Zusammenhang fast immer von fliegenden Systemen geschrieben und gesprochen. Selbstverständlich ist es faszinierend, Modellflugzeuge oder eben Quadcopter mit Kameras auszurüsten und dann Bilder aus der Vogelperspektive zu erhalten. Es ist aber genauso gut möglich, die Kameras auf Schiffsmodelle oder in RC-Cars einzubauen. Die Kameras sind heute schon so klein, dass sie auch auf Modelleisenbahnen Platz finden. So werden sogar Landschafts- und Tunnelfahrten auf einer kleinen Anlage möglich.

8.2.2 Online Visualisierung

Zugegeben, das eben Beschriebene hat noch nicht sehr viel mit den in der Einleitung erwähnten tollen Möglichkeiten zu tun. Es soll hier jedoch auch aufgezeigt werden, dass eben FPV für jedermann und auch schon mit ganz einfachen Mitteln möglich ist.

Sobald man sich jedoch der sogenannten Online Visualisierung zuwendet, wird es schon wesentlich interessanter. Hier werden die Bilddaten nicht erst nach dem Flug ausgewertet, sondern sie werden zur Laufzeit drahtlos zur Bodenstation übertragen. Auch das geschieht heute in den meisten Fällen mit der GHz-Technologie, da auch die Bilddaten aufgrund der großen Datenmenge eine relativ breitbandige Übertragung benötigen.

Am Boden werden die Daten dann weiterverarbeitet, allenfalls gespeichert und sofort auch visualisiert. Auch hierbei gibt es wieder ganz verschiedene Möglichkeiten. Es sind sogar schon RTF-Modelle erhältlich, welche all

Bild 88: Quadrocopter mit eingebauter Kamera

diese Funktionen beinhalten. Ein gutes Beispiel eines solchen Systems mit integriertem Videosystem ist auf den Bildern 88 und 89 dargestellt. Dieser Quadrocopter hat bereits eine Kamera eingebaut. In der mitgelieferten Fernsteuerung ist dann auch gleich noch ein Farbdisplay integriert. Dieses stellt während des Fluges die von der Kamera übermittelten Bilder dar. So hat der Quadrocopter Pilot dann sowohl die Bilddaten des Quadrocopters im Blick und kann außerdem auch mit diesem Sichtkontakt halten.

Eine andere Möglichkeit stellen auch Systeme dar, bei welchen die Fernsteuerung und Bilddarstellung getrennt sind. Bild 90 zeigt eine solche Fernsteuerung. Auch sie wird zusammen mit einem Quadrocopter mit integrierter Kamera geliefert. Und noch eine weitere Möglichkeit ist es, ein heute sowieso schon allgegenwärtiges Smartphone zur Bildgebung zu verwenden. In diesem Fall kommuniziert die Videokamera beziehungsweise deren Sender direkt mit dem Smartphone.

Diese Bilder zeigen, dass heute sehr viele solcher Systeme auf dem Markt sind. Und sie zeigen auch, dass es sich hierbei nicht nur um teure und mindestens semi-professionelle Systeme handelt. Das Gegenteil ist der Fall. Die moderne Spielzeug- Industrie hat die Technologie der kleinen FPV-Systeme längst als riesigen Markt entdeckt. Das Bild 91 stammt direkt aus der Spielzeugabteilung aus einem Warenhaus. Diese Systeme sind heute sozusagen schon fast überall anzutreffen und sie werden auch schon fast überall zum Kauf angeboten. Das heißt selbstverständlich auch, dass sie sich im Preis eben auch etwa in der Größenordnung bewegen, welche sie für Geburtstags- oder Weihnachtsgeschenke interessant macht.

Bild 89: Fernsteuerung mit integriertem Farbdisplay

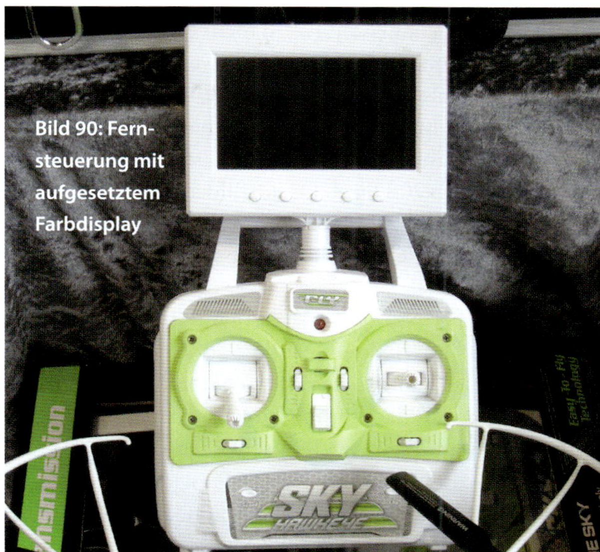

Bild 90: Fernsteuerung mit aufgesetztem Farbdisplay

Bild 91: Kleiner Quadrocopter aus der Spielzeugabteilung eines Warenhauses

8.3 Kamera, Videobrille und Datenübertragung

Die Grenzen zwischen den oben dargestellten Spielzeugen und dem klassischen Modellbau sind heute fließend. Wie aber der Name schon ausdrückt, wird beim Modellbau eben immer auch noch etwas gebaut, oder es werden mindestens Komponenten beigefügt und konfiguriert. Die Bildübertragung selbst hat bei den Spielzeug-FPV schon noch einige Einschränkungen. Einerseits werden weniger Daten übertragen als bei den teureren Systemen. In diesem Fall kann das am Boden ankommende Bild eine tiefe Bildauflösung aufweisen. Der heute im Multimedia Bereich übliche Full-HD (High Definition) Standard mit einer Auflösung von 1.920×1.080 Pixeln wird bei den Spielzeugen in den meisten Fällen nicht erreicht. Es werden oftmals Auflösungen verwendet, welche beispielsweise dem älteren VGA (Video Graphics Array) Standard entsprechen. Mögliche Auflösungen dieses Standards sind 640×480 oder 320×200 Pixel. Da die Bilder ja wie weiter oben gezeigt eher auf einem relativ kleinen Display dargestellt werden, ist das für diese Anwendung oftmals schon ausreichend. Die Menge der zu übertragenden Daten richtet sich jedoch nicht nur nach der Bildauflösung, sondern auch nach der Bildrate. Der Mensch nimmt Bildraten von 25 Bildern pro Sekunde als ruckfreien Film wahr. Aber bereits ab etwa zehn Bildern pro Sekunde beginnt er die Bildfolge als zusammenhängenden Film zu interpretieren. Auch hierbei übertragen nicht alle Spielzeug-FPV- Systeme mit 25 Bildern pro Sekunde. Aber obwohl sowohl die Bildgröße also auch die Anzahl der zu übertragenden Bilder kleiner ist, ist es auch bei diesen Systemen schon möglich, sich wie im Cockpit des Flugsystems zu fühlen.

8.3.1 Übertragungsfrequenz und Leistung

Zur Übertragung selbst gelten dieselben Herausforderungen zu bewältigen, wie bei der Telemetrie. Dazu sei an dieser Stelle noch einmal auf das Bild 80 verwiesen. Genau gleich wie dort sendet die Fernsteuerung örtlich an derselben Stelle wie die Bilddaten vom Flug-, Car-, oder Schiffsmodell zurückgesendet werden. Aus diesem Grunde sind auch bei den Frequenzen dieselben Überlegungen gültig wie bei der Telemetrie. Der Frequenzstandard bei den Fernsteuerungen ist ja eben das ISM Band auf 2,4 GHz. Viele drahtlose Bildübertragungssysteme senden ebenfalls auf diesem Band, beispielsweise solche, welche mit WLAN arbeiten. Da aufgrund der großen Datenmengen für Bilder und Filme auch viel mehr Daten übertragen werden müssen als dies bei der Telemetrie der Fall ist, müssen auch die dort besprochenen Einschränkungen bezüglich der Störungen noch besser berücksichtigt werden.

Ein gleichzeitiges Senden von Fernsteuerungssignalen und Bilddaten an derselben Stelle auf demselben Frequenzband von 2,4 GHz ist deshalb nur dann gut möglich, wenn die beiden Übertragungen aufeinander abgestimmt sind. Da jedoch die Bildübertragung von WLAN-Kameras meistens keine Abstimmung und Synchronisation mit den Fernsteuerungssignalen vornimmt, stören diese Systeme einander in der Praxis oftmals. Es ist also einerseits möglich, dass die Fernsteuerung die Bildqualität stört, beispielsweise mit Streifen oder Rauschen. Andererseits kann die große Datenmenge aber eben auch die Übertragung der Fernsteuersignale stören. Dies ist dann deshalb kritisch, weil es gerade bei Flugmodellen zu Abstürzen führen könnte. Eine mögliche Lösung dazu wäre, die Übertragungsleistung der Bilddaten zu reduzieren. Das würde dann zwar die Bildqualität noch mehr stören, aber dafür wäre wenigstens eine sicherere Übertragung der Fernsteuerungssignale gewährleistet.

In der Praxis ist es deshalb gar nicht sinnvoll, wenn beide Systeme auf demselben Frequenzband senden, in diesem Fall also auf dem ISM-Band auf 2,4 GHz. Es ist viel besser, wenn auf unterschiedlichen Bändern gesendet wird, da dies dann keine oder viel weniger Störungen verursacht. Da bei Bildern und Filmen wie oben schon erwähnt, sehr viele Daten übertragen werden müssen, kommt nur eine Übertragung im GHz-Bereich in Frage. Und da die modernen Fernsteuerungen eben in den meisten Fällen auf 2,4 GHz senden, wird für die Bildübertragung sehr oft das 5,8-GHz-Band verwendet. Dieses reicht von 5,725 GHz bis 5,875 GHz. Es ist ebenfalls ein ISM-Frequenzband (Industrial, Scientific, Medical). Es ist aus mehreren Gründen sehr gut für die Bildübertragung geeignet: Einerseits ist die Bandbreite aufgrund der GHz-Übertragung sehr hoch. 5,875 GHz – 5,725 GHz ergibt 0,150 GHz oder 150 MHz. Es verfügt also sogar über noch mehr Bandbreite als das 2,4-GHz-Band, welches ja „nur" eine Bandbreite von 2,483 GHz – 2,4 GHz = 0,083 GHz = 83 MHz umfasst. Somit ist es ausgezeichnet dafür geeignet, große Datenmengen zu übertragen. Andererseits stören sich die eben am selben Ort gesendeten Fernsteuersignale mit 2,4 GHz und Bildsignale mit 5,8 GHz ebenfalls nicht. Aus diesen Gründen ist die 5,8-GHz-Bildübertragung und die 2,4-GHz-Fernsteuerungstechnik die beim aktuellen Stand der Technik am häufigsten verwendete Kombination.

Bild 92: Sender mit 5,8 GHz

Die Kamera wird zur Übertragung auf der Seite des Flug-, Car-, oder Schiffsmodell an einen Sender mit den 5,8 GHz angeschlossen. Bild 92 zeigt einen solchen Sender.

Jedoch ist auch der umgekehrte Fall möglich. Es sind so auch Systeme erhältlich, bei welchen die Fernsteuerung auf 5,8 GHz sendet. Umgekehrt werden dann die Bilddaten mit 2,4 GHz übertragen. Die Funktion von solchen Systemen ist genau gleich gut wie beim oben diskutierten Fall, bei welchen die Frequenzbänder vertauscht sind. Wenn man also nur mit dem einen oder dem anderen System alleine arbeitet, dann kommt es nicht drauf an, welches System auf 2,4 GHz sendet und welches auf 5,8 GHz. Aber man sollte sich auch den Fall vorstellen, bei welchem zwei unterschiedliche Systeme nebeneinander und zur gleichen Zeit verwendet werden. Dann können sich nämlich schon größere Probleme einstellen. Die Fernsteuerung des einen Systems wird dann möglicherweise Störungen der Bildübertragung des anderen Systems verursachen. Und im umgekehrten Fall könnte die Bildübertragung des einen Systems die Fernsteuerung des anderen Systems stören. Im schlimmsten Fall hätten dann also beide Systemtypen gestörte Fernsteuerungen und auch gestörte Bildübertragungen. In diesem Fall wäre es dann eher sinnvoll, zur gleichen Zeit und am gleichen Ort nur Systeme des einen Übertragungstyps zu verwenden. Nur so können dann Störungen in beide Richtungen vermieden oder reduziert werden.

Die heute gebräuchlichen und erlaubten Frequenzbänder bieten eine Vielzahl von Möglichkeiten der Übertragung von Daten aller Art. Vor der Jahrtausendwende musste man sich bei den viel beschränkteren Möglichkeiten der damals gebräuchlichen MHz-Fernsteuerungen eigentlich nur auf die Abstimmung der Kanäle konzentrieren, wenn mehrere Systeme gleichzeitig betrieben wurden. Bei den heutigen GHz-Fernsteuerungen ist die Abstimmung der Kanäle zwar aufgrund der Technologie nicht mehr nötig, aber dafür verursacht die Vielzahl der übertragenen Daten auf allen Frequenzbändern auch viele Störungen. Es kommt erschwerend dazu, dass es dann auch schwierig wird, die genauen Fehlerquellen zu finden. Außerdem sind auch die genauen Auswirkungen der Fehlerquellen schwierig zu definieren. Das können auf der Seite der Fernsteuerung zeitweise oder totale Empfangsausfälle sein. Auf der Seite der Bildübertragung können es Streifen, Rauschen oder auch Bildausfälle sein, je nach der Verwendung der Übertragungsarten.

Die Sendeleistungen sind seitens der Behörden reguliert. Sie betragen in Deutschland und vielen anderen Ländern 25 mW für 5,8 GHz und 10 mW für 2,4 GHz.

8.3.2 Kamera

Bild 93: Onboard-Kamera GoPro Hero

Auch wenn die kleinen Kameras der Spielzeug-FPV-Systeme schon eine ansehnlich hohe Bildauflösung versprechen, ergeben sich eben doch einige Nachteile bei der Bildqualität. In einer etwas höheren Preisklasse sind Kameras mit viel besseren Objektiven erhältlich. Diese kann man dann auch schon in den semi-professionellen Bereich einordnen, sofern man das denn in dieser Weise klassifizieren möchte. Mit größeren Objektiven lassen sich aber auch Bilder und Filme mit einer höheren Qualität herstellen. Sobald aber Objektive mitgetragen werden müssen, wird auch das Gehäuse schwerer. Deshalb muss dann bei solchen Kameras immer zuerst geprüft werden, ob das Fluggerät, meistens der Quadrocopter, das Zusatzgewicht auch tragen kann.

Abbildung 93 zeigt eine Kamera, welche schon mit relativ kleinen Systemen sicher in der Luft bewegt werden kann. In diesem Fall ist die Kamerahalterung etwas einfacher ausgeführt. Es wurden hier einfach verstellbare Schrauben verwendet, mit welchen der Kamerawinkel manuell verstellt werden kann. Solche Kameras werden meistens nicht in einer Schutzhülle in der Tasche mitgetragen. Die Anforderungen für Anwendungen im Outdoor-Sportbereich sind bedeutend härter. Deshalb sind sie stabiler ausgeführt und auch besser gegen Spritzwasser geschützt. Selbstverständlich lassen sich damit ebenfalls Filme, Fotos oder Serienfotos herstellen. Die Kamera kann auch mit einer zusätzlichen Fernbedienung gesteuert werden. So ist es ebenfalls möglich, im Flug zwischen Foto- und Filmaufnahmen umzustellen. Außerdem können so auch Sequenzen gestartet und gestoppt werden.

8.3.3 Speicherung und Visualisierung der Bilddaten

Mit First Person View wandelt sich das System etwas weg vom reinen ferngesteuerten Flug-, Car-, und Schiffsmodell und hin zu einem Multimedia System. Der Umgang damit ist grundlegend anders, denn es gibt nun viel mehr Dinge, welche kontrolliert und beobachtet werden können und sollen. Dabei können die übertragenen Bilddaten auch ganz unterschiedlich verwertet und interpretiert werden. In der einen Variante laufen die Bilder einfach nebenbei mit und werden allenfalls gleich gespeichert. Der Pilot hat möglicherweise genügend damit zu tun, um sein Fluggerät zu beherrschen und wird die sich die Bilder erst später ansehen, genau als wenn die Daten nur offline zur Verfügung stünden und erst auf den Computer geladen werden müssten.

So richtig spannend wird die Sache aber dann, wenn die übertragenen Bilddaten in den Steuerungsprozess mit einbezogen werden. Wenn man von Objekten wie einer Häuserzeile oder einer Landschaft Fotos oder bewegte Bilder aus einer gewissen Perspektive machen möchte, so ist es hilfreich, wenn man diese während des Fluges gleich mitverfolgen kann. Wenn man diese nämlich aus einer falschen Perspektive aufnimmt und das sofort merkt, kann man die Objekte allenfalls gleich noch einmal anfliegen und neue Bilddaten erstellen. Man kann bei den online übertragenen Daten eben viel schneller reagieren, als wenn man diese erst nach einem Flug sehen würde. Das Problem hierbei ist aber eben, dass man jetzt viel mehr Dinge gleichzeitig erledigen muss. Ähnliches wurde ja schon bei der Behandlung der Telemetrie besprochen. Neben einer sauberen Steuerung des Flugsystems muss man jetzt vielleicht auch noch mit einem Auge auf das in der Fernsteuerung integrierte Display oder das anmontierte Smartphone schielen.

Auch hier sollen wieder Vergleiche mit professionellen oder semi-professionellen Systemen angestellt werden. Bei diesen kann die Kamera häufig noch zusätzlich mit einem sogenannten motorisierten Gimbal ausgerüstet werden. Mit diesem und mithilfe von einer weiteren Fernsteuerung oder weiteren Fernsteuerungskanälen ist dann sogar möglich, die Kamera relativ zum

Bild 94: Motorisierter Gimbal mit Kamera

Fluggerät auszurichten. So ergeben sich dann auch weitere Möglichkeiten für Perspektiven.

Das alles kann die Steuerfähigkeit von einem Modellpiloten alleine überfordern. Deshalb ist bei den professionellen Systemen häufig eine zweite Person im Einsatz. Diese hat dann nur das Display, vielleicht sogar in Form eines größeren Monitors, oder das Smartphone mit den online übertragenen Bildern im Blick. Zusätzlich steuert sie noch den Gimbal, um optimale Bilder zu erhalten. Eigentlich entspricht das etwa den Aufgaben eines Kameramanns. Der Pilot konzentriert sich dann ganz auf die Steuerung und spricht sich mit der den Gimbal steuernden Person ab, von welcher Seite her er die Objekte anfliegen soll. So kann es also je nach Anforderung schon ein kleines Filmteam entstehen, welches sich aus dem Pilot und dem Kameramann zusammensetzt. Heute laufen auch schon verschiedene Forschungsprojekte, bei welchen der Gimbal automatisch auf die interessierenden Objekte ausgerichtet wird. Dies ermöglicht es dem Piloten dann doch wieder, gutes Foto- und Filmmaterial ohne zusätzlichen Kameramann zu erstellen.

8.3.4 Steuerung über die Kamera

Bei allem, was bis jetzt diskutiert wurde, war die Bildgebung und -übertragung nur für Luftaufnahmen gedacht. Die ultimative Form des FPV bezieht diese jedoch ganz direkt in die Steuerung mit ein. Ein Pilot, welcher in einem Flugzeug, einem Auto oder einem Boot sitzt, steuert dieses ja auch direkt vom Cockpit aus. FPV und dessen technische Möglichkeiten lassen dies jetzt auch für Modellflugzeuge zu. Die im Modellflugzeug, Quadcopter, RC-Car oder RC-Boot eingebaute Kamera nimmt bewegte Bilder auf, welche zur Bodenstation gesendet werden. Der Modellpilot konzentriert sich dann nur auf diese bewegten Bilder und steuert sein Modell nur auf diese Weise. Er fühlt sich also genau so, als wenn er direkt im Modell sitzen würde. Der Pilot blickt also während der ganzen Phase der Steuerung hin und wieder auf das Display, oder er versucht es zumindest. Dies bedeutet eine ziemlich große Umstellung im Vergleich zu der normalen Steuerung eines Modells. Dieses hatte man ja vorher zu jeder Zeit im Blick, und nun wendet man diesen plötzlich ab und soll sich nur noch auf den Bildschirm konzentrieren.

Der Umstieg ist denn auch nicht immer leicht zu vollziehen. Den einen gelingt es ganz einfach, sich bei der Steuerung nur auf das Display zu konzentrieren. Andere versuchen, sich mit Wolldecken von der Umgebung abzuschirmen, um wirklich nur mit den übertragenen Bilddaten zu steuern.

8.3.5 Videobrille

Wenn man sein Modell wirklich völlig abgeschottet von der restlichen Umgebung und nur über das Kamera-Feedback steuern möchte, sind Videobrillen erste Wahl. Mit ihnen kann man ausschließlich die übertragenen Bilder auf sich wirken lassen.

Videobrillen haben ein oder zwei Farb-LC-Displays eingebaut. Eine typische Bildauflösung ist der VGA-Standard mit 600×480 Pixeln. Damit die Bilder direkt vom Modell zur Brille übertragen werden können, sind oftmals auch Empfänger mit Antennen direkt bei der Brille eingebaut. Es gibt auch Varianten, bei welchen der Empfänger extern angeschlossen wird. In der einfachsten und häufigsten Variante wird keine Stereo-Übertragung der Bilder vorgenommen. Es existiert ja meistens auch nur eine Kamera auf dem Modell.

Bild 95 zeigt eine Videobrille integriertem Empfänger. Bei ganz ausgeklügelten Systemen enthält die Videobrille sogar selbst eine „Inertial Measurement Unit“ IMU. Damit kann gemessen werden, ob man den Kopf dreht oder neigt. Die Kameras sind dann sinnvollerweise auf Quadrocopter oder Multicopter montiert.

Wenn diese dann zusätzlich mit einem motorisierten Gimbal als Kamerahalterung ausgerüstet werden, dann können sie sich in dieselbe Richtung bewegen, wie man den Kopf dreht oder neigt.

Wie die oberen Ausführungen zeigen, können sowohl Kameras als auch Videobrillen ganz

Bild 95: Videobrille mit integriertem Empfänger

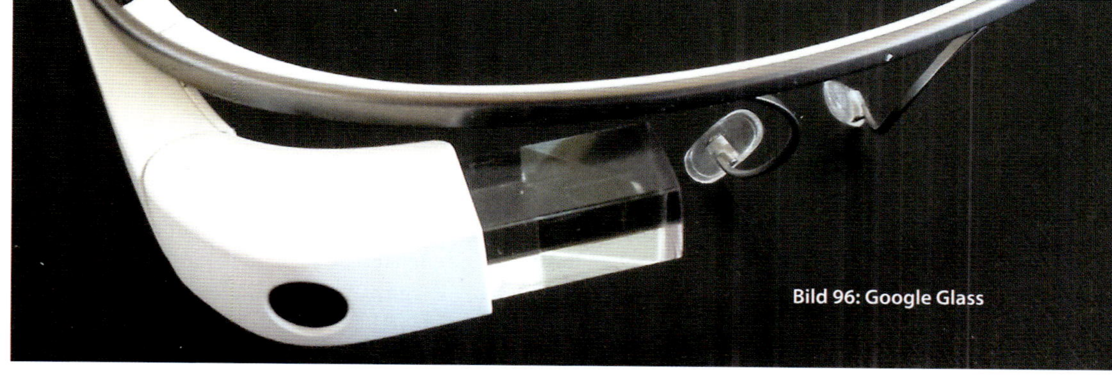
Bild 96: Google Glass

unterschiedliche Eigenschaften aufweisen. Kameras können starr oder beweglich montiert werden. Videobrillen können Mono- oder Stereobilder darstellen und manche können sogar ein Feedback über die Kopfbewegung geben.

Als Einsteiger sollte man sich zuerst eine einfache Mono-Videobrille kaufen. Damit kann man schon erste Erfahrungen zu sammeln. Wenn man dadurch noch mehr Interesse für die Steuerung mit FPV entwickelt, stehen einem immer noch alle oben genannten Möglichkeiten offen, bis hin zu 3D-Bildgebung mit motorisiertem Gimbal für dreh- und schwenkbare Kameras.

8.4 FPV und Legalität

Grundsätzlich bieten sich mit der modernen Technik sehr viele neue Möglichkeiten für den Modellbau. Aber nicht immer und überall kann die Sicherheit und die Gesetzgebung damit Schritt halten. Man stelle sich vor, dass man sowohl mit der Fernsteuerung als auch mit der Übertragung der Bilddaten mehrere Kilometer Reichweite erreichen kann. So ist es technisch mit FPV grundsätzlich möglich, sogar an Orte zu fliegen, zu welchen man eigentlich gar keinen direkten Sichtkontakt hat. Dass die GHz-Übertragungen wegen der Reflexionen trotzdem immer noch gut funktionieren, wurde ja bereits weiter oben beschrieben.

Wenn aber jedermann solche Fluggeräte bauen oder sogar als „Ready-to-fly" kaufen kann, so stellt dies schon ein Sicherheitsrisiko dar. Was passiert, wenn ein solches Fluggerät beispielsweise im Garten des Nachbarn außer Kontrolle gerät und dort notlanden muss? Ist es erlaubt, dass man mit einem Quadrocopter um einen Häuserblock fliegt und mit der eingebauten Kamera Bildaufnahmen von dem macht, was sich hinter den Fenstern abspielt? Solche Fragestellungen gibt es erst, seit es eben die Technik gibt, welche das ermöglicht.

Aus diesem Grunde ist die Gesetzgebung in diesen Punkten gefragt. Die erste Maßnahme ist die Beschränkung der Sendeleistung, sowohl von der Fernsteuerung als auch von der Bildübertragung. Dadurch hat man schon aus technischer Sicht bereits Bildausfälle, wenn nicht direkter Sichtkontakt besteht.

Eine weitere einfache Regelung, welche in vielen Ländern bereits umgesetzt ist, besagt, dass jederzeit Sichtkontakt mit den Fluggeräten, also oftmals den Quadrocoptern, bestehen muss. Dies schränkt zwar schon sehr stark ein, ist aber sicher sinnvoll. Einerseits ist es so nicht mehr erlaubt, nur über einen Bildschirm gesteuert mal eben um die Häuserblocks zu fliegen. Denn dann ist der Sichtkontakt sicher nicht lückenlos gewährleistet. Andererseits hat diese Regelung auch einen Einfluss auf den Flug mit Videobrille. Denn auch mit Brille ist der direkte Sichtkontakt nicht mehr gewährleistet.

Eine Möglichkeit des Erlaubten ist es dann, dass die Fernsteuerungen im Lehrer-Schüler-Betrieb betrieben werden. Der eigentliche Pilot, der Lehrer, steuert den Quadrocopter immer konventionell. Der FPV-Pilot ist der Schüler, also eigentlich nur der Copilot. Somit kann der konventionell steuernde Pilot die Steuerung an der FPV-Copiloten abgeben und im Notfall auch wieder an sich zurücknehmen. Es versteht sich auch von selbst, dass hier immer ein Sichtkontakt zum Fluggerät bestehen muss. Abgesehen davon ist der Lehrer-Schüler-Betrieb auch eine ausgezeichnete Möglichkeit, um die Steuerung mit FPV gut zu üben.

8.4.1 Weitere Möglichkeiten, Google Glass, GPS und „read-to-fly"-Systeme

Ein guter zukünftiger Ansatz wäre auch eine Brille im Stile von Google Glass. Bild 96 zeigt eine solche. Hier würde die Realität nicht mit zwei LC-Displays komplett ersetzt, sondern nur Informationen in die bestehende Realität eingeblendet. Die Darstellung der weiter oben behandelten Telemetriedaten wäre ein gutes Einsatzgebiet einer solchen Brille. Aber auch für FPV wäre ein entsprechender Einsatz gut denkbar. So würde dann das Bild der Kamera einfach in die Realität eingeblendet. Solche Brillen werden bis jetzt zwar noch nicht sehr häufig eingesetzt, aber die Zukunft verspricht schon einige Möglichkeiten für deren Gebrauch.

FPV kann auch in Kombination mit einem GPS sinnvoll sein. Ein in einen Quadrocopter eingebautes GPS ermöglicht es diesem, bestimmte Punkte in der Luft anzufliegen und auch genau dort automatisch an Ort und Stelle zu schweben. Insbesondere ist es dann per Knopfdruck an der Fernsteuerung auch möglich, dass der Quadrocopter an den Startpunkt zurückfliegen kann. Wenn man also beim Üben die Orientierung zum Fluggerät verliert, kann sein Fluggerät mit GPS wieder zurückholen.

Da die FPV-Systeme mit Quadrocoptern an sich schon reichlich komplizierte Systeme sind, werden sie heute auch inklusive Videobrille oft als „Ready-to-fly"-Komplettsets zum Kauf angeboten. Auch wer kein großer Technik-Fan ist und sich weniger mit Komponentenanbindung, Softwaredownloads und dergleichen auskennt, kann solche Systeme deshalb aus der Schachtel auspacken und fliegen. Das sind dann beispielsweise „FPV-Racing Quadrocopter". Diese haben manchmal auch bereits in die Vorwärtsrichtung geneigte Propellerachsen montiert, damit sie möglichst schnell und agil fliegen können.

Es gibt auch FPV-Wettbewerbe. Hierbei werden in Hallen ganze Parcours wie beispielsweise Slalomstangen, Korridore, Hula Hoop Reifen oder gar Röhren aufgestellt. Die Piloten fliegen diese dann mit ihren Quadrocoptern mit der Videobrille ab. FPV erschließt dem Modell-Piloten ganz neue Möglichkeiten. Und es sind wieder die neuen technischen Errungenschaften, welche den Modellbau noch attraktiver und noch vielfältiger machen.

8.5 Praxisbeispiel zu Telemetrie und FPV

Zu den beiden behandelten Themen Telemetrie und FPV soll aber nun ein Praxisbeispiel folgen. Wie weiter oben besprochen wurde, eignet sich die Modellbausparte der Multicopter dazu ganz besonders, denn diese erlauben es, an einem Ort zu schweben. Dies ermöglicht einen besonders guten Datentransfer zum Boden und außerdem können so auch gute Bilder aufgenommen werden.

8.5.1 Flugcontroller

Die Multicopter werden von Flugcontrollern gesteuert. Sie sind die zentrale Steuereinheit dieser Fluggeräte und ihre Hauptaufgabe ist es, die Motoren und Propeller so anzusteuern, dass die gewünschten Flugphasen korrekt durchgeführt werden. Das ist im einfachsten Fall ein normaler ferngesteuerter Flug mit Achsenstabilisation. Es kann aber je nach Einstellung auch eine Höhenregelung über einen Luftdrucksensor, ein GPS-unterstützter Schwebeflug an Ort mit der Möglichkeit einer geregelten Driftfunktion nach links oder nach rechts beziehungsweise vorwärts oder rückwärts über die Fernsteuerknüppel, oder sogar ein selbstständiger Abflug

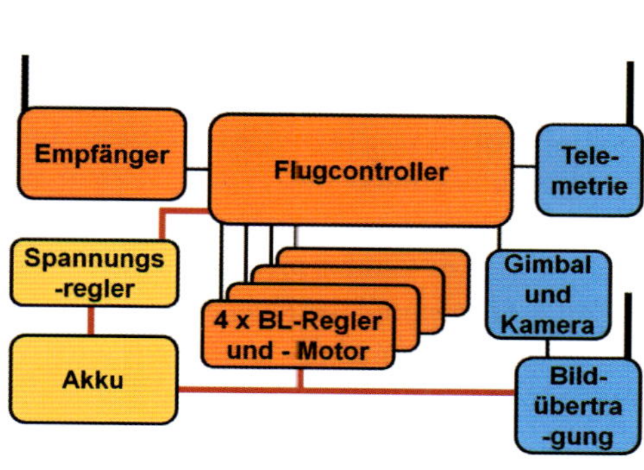

Bild 97: Schematische Übersicht über ein System mit Flugcontroller

Bild 98: Der Flugcontroller Pixhawk

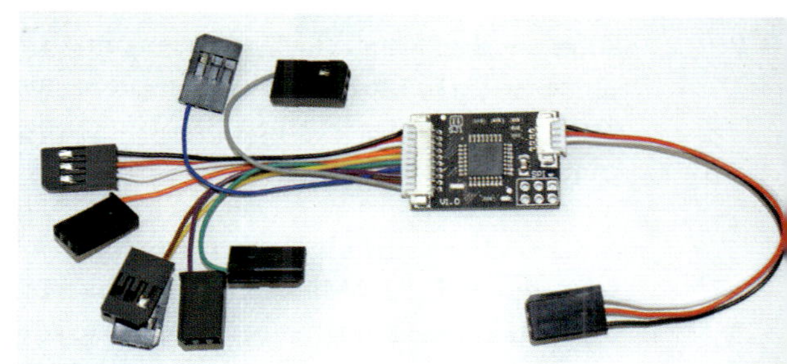

Bild 99: PPM-Encoder

von vorher einprogrammierten Wegpunkten, sogenannten Waypoints sein. Viele der Flugcontroller unterstützen auch Telemetrie und FPV. Außerdem kommunizieren sie auch direkt mit dem Empfänger der Fernsteuerung. Bild 97 zeigt eine schematische Übersicht über ein solches System und Bild 98 zeigt einen Flugcontroller mit seinen Anschlüssen.

Wie daraus ersichtlich ist, sind die Anschlüsse für alle wichtigen Funktionen wie beispielsweise Telemetrie oder auch GPS bereits vorhanden. Diese werden auch von der konfigurierbaren Software unterstützt. Für den Anschluss des Empfängers werden meistens verschiedene Möglichkeiten unterstützt. Im konkreten Fall wird entweder das von den Spektrum-Fernsteuerungen unterstützte DSM-Signal oder das weiter oben beschriebene Puls-Pausen- Modulationssignal (PPM) benötigt. Wenn der Empfänger dieses Signal nicht bereitstellen kann, hilft ein PPM-Encoder. An dessen Eingang liegen die PWM-Signale der bis zu acht Kanäle, und daraus wird das PPM-Signal zusammengesetzt, welches am Ausgang für den Flugcontroller bereitliegt.

In Bild 98 sind vorne auch die Ausgänge des Flugcontrollers sichtbar. Neben acht PWM-Ausgängen für den Anschluss von Brushless-Controllern für die Steuerung der Motoren und Propeller stehen auch weitere Servoanschlüsse bereit, um beispielsweise auch einen motorisierten Kameragimbal anzuschließen. Bei den Flugcontrollern sind ja die nötigen Sensoren für die Lageerkennung eingebaut, um die Multicopter stabil in der Luft zu manövrieren. Somit können damit auch die Servos eines Gimbals so angesteuert werden, dass die gewünschten Winkel der Kamera immer gehalten werden können, unabhängig davon, welche Flugmanöver der Multicopter gerade ausführt. Solche Flugcontroller gibt es heute von verschiedenen Anbietern. Sie können mit der entsprechenden Konfiguration oftmals auch andere Modelle wie Flugzeuge oder auch RC-Cars oder gar Modell-

Bild 100: Octocopter in H-Konfiguration

boote steuern. Sie alle haben gemeinsam, dass sie neben den Sensoren auch eine entsprechende Konfigurationssoftware mit USB-Schnittstelle zum PC bereitstellen.

8.5.2 Multicopter als Octocopter

Im Beispiel wird der Multicopter mit acht Motoren und Propellern gebaut, also als Octocopter. Es werden 8"-Propeller in Kombination mit Hacker Motoren A20-50S verwendet. Dadurch wird einerseits eine gewisse Redundanz ermöglicht, sodass bei einem Motorausfall immer noch eine einigermaßen sichere Landung möglich wird. Andererseits ist es so möglich, mit 8×8"-Propellern eine gute Nutzlast von etwa 500 g zu erreichen. Der Octocopter ist in einer H-Konfiguration ausgeführt. Dabei werden zwei Reihen mit je vier Propellern parallel zueinander montiert. Der entstandene Octocopter ist je nach Akku und zusätzlich mitgeführten Geräten wie Telemetriesender, Kamera und Videolink zwischen 900 g und 1.200 g schwer. Die Motoren erzeugen je etwa 3 N bzw. 300 g Schub, insgesamt also etwa 24 N bzw. 2.400 g. Als Akkus werden 3S-LiPos eingesetzt, mit zwischen 2.600 mAh und 3.800 mAh Ladungsinhalt. Die Flugzeit beträgt so ungefähr zwischen 15 und 20 Minuten.

Das Bild 100 zeigt den Octocopter, welcher mit einigen der in den Kapiteln 7 Telemetrie und 8 First Person View FPV behandelten Eigenschaften und Komponenten ausgerüstet wurde. Zu erkennen sind unter anderem die Antennen der Telemetrie und der Videoübertragung, eine ohne Gimbal montierte Kamera, ein GPS Empfänger und der Flugcontroller. In den nächsten Unterkapiteln werden der Telemetrie- und der Videolink und deren Auswertung bei der Bodenstation näher beschrieben.

8.5.3 Telemetrie

Wie beim Kapitel über die Telemetrie bereits beschrieben wurde, finden die Datenübertragungen von der Fernsteuerung zum Multicopter sowie diejenige der Telemetrie vom Multicopter zur Bodenstation zur selben Zeit am selben Ort statt. Bild 80 zeigt das. Deshalb ist es sinnvoll, wenn Telemetrie und Fernsteuerung auf unterschiedlichen Frequenzbändern senden. Im konkreten Beispiel wurden diese gleich ausgeführt, wie vorne beschrieben. Die Fernsteuerung sendet also auf den bekannten 2,4 GHz und die Telemetrie auf 433 MHz. Bild 101 zeigt den Telemetriesender, welcher direkt beim Flugcontroller eingesteckt wird.

Bild 101: Telemetriesender mit 433 MHz

8.5.4 Bodenstation

Im vorliegenden Beispiel werden die Telemetriedaten direkt aus einen über die USB-Schnittstelle beim PC einsteckbaren Empfänger ausgelesen. Da sich Sender und Empfänger in permanentem Datenaustausch und gegenseitiger Kommunikation befinden, handelt es sich genau genommen um zwei identische Geräte. Der oben dargestellte Telemetriesender dient also bei der Bodenstation auch als Empfänger.

Die Daten werden nun über die PC-Software „Mission Planner" dargestellt. Der Flugcontroller selbst ist zusätzlich mit einer Speicherkarte ausgerüstet. Dies erlaubt es, sogenannte Log-Datenfiles mit den zeitlichen Verläufen verschiedenster Parameter lokal auf dem Multicopter abzuspeichern. Beispielsweise im Fehlerfall können die Daten über die Lagen in allen Richtungen, der Stromverbrauch, die Akkuspannung, die PWM-Signale für die Brushless-Regler, GPS-Signale oder vieles mehr wertvolle Informationen und Hinweise liefern. Aber das funktioniert eben nur offline, also nach dem Flug. Die Telemetriedaten, welche online, also während des Flugs übertragen werden, können auf dem PC auf verschiedene Arten weiterverarbeitet werden. Der „Mission Planner", welcher in diesem Fall zusammen mit dem PC als Bodenstation dient, kann ebenfalls einige ausgewählte Parameter direkt auf dem Bildschirm darstellen. Im Bild 102 ist das in etwa ersichtlich. Beispielsweise wird der aktuelle Standort des Multicopters mit dem übertragenen GPS-Signal direkt mit dem Kartenhintergrund dargestellt. Auch die Akkuspannung oder die aktuelle Höhe bezogen auf den Startpunkt sind wichtige Informationen über den Zustand des Fluggeräts. Außerdem wird über einen weiter unten beschriebenen Videoempfänger auch das Bild der Onboard-Kamera dargestellt.

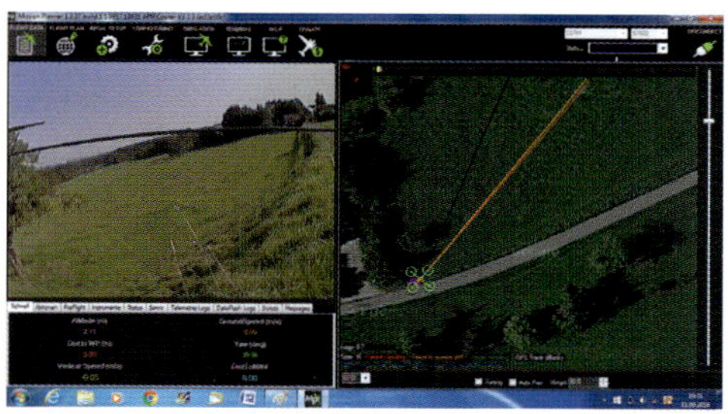

Bild 102: Darstellung der Telemetriedaten bei der Bodenstation

◂ Bild 103: Ausgewertete Daten eines Log-Files. Im Bild werden die aufgezeichneten GPS-Daten eines Modellflugzeugs dargestellt

Bild 104: Im Flugmode Auto wurden dem Flugcontroller sogenannte Wegpunkte, in Englisch Waypoints einprogrammiert. Zusammen mit dem GPS-System kann das Modellflugzeug diese Waypoints selbstständig abfliegen (Flugmodus „Auto", Orange). Es ist mit den Flugcontrollern möglich und auch gesetzlich vorgeschrieben, dass man jederzeit auch in den Flugmodus „Manual" umschalten kann (Hellblau)

Bild 105: Video- Übertragung mit 5,8 GHz

Bild 106: Frame-Grabber mit USB-Schnittstelle

Bild 107: Auf den Octocopter montierte FPV-Kamera

8.5.5 Kamera, Videolink, Videobrille

Auch eine Kamera und ein Videolink sind beim Octocopter eingebaut. Aus Gewichtsgründen ist die Kamera hier ohne Gimbal montiert. Damit sie gute Bilder zum Boden hin aufnehmen kann, ist sie leicht nach vorne geneigt angebracht. Die Auflösung beträgt 600 TVL, also 600 Pixel in der Horizontalen. Damit ist sie nicht geeignet, um hochauflösende Fotos zu machen, aber für schnelle Videoübertragungen zu einer Videobrille oder einer Bodenstation ist sie eine gute Wahl. Außerdem ist sie auch sehr leicht.

Der Videolink wird mit einer 5,8-GHz-Übertragung realisiert. Bild 105 zeigt diese. Die Stromversorgung erfolgt über den Balancer-Anschluss des LiPo-Akkus. Dieser ist ja während des Fluges frei. Auch diese Bilddaten können am Boden auf verschiedene Arten sichtbar gemacht werden, so beispielsweise mit der im Bild 95 gezeigten Videobrille. Bei diesem Beispiel wird jedoch noch ein anderer Weg gewählt. Die Video-Brille dient hier einmal nur als Empfänger der Bilddaten. Ihr Video-Ausgang wird mit einem sogenannten Frame-Grabber in den PC eingelesen.

Der Frame-Grabber wandelt die über den Empfänger erhaltenen Bilddaten in über die USB-Schnittstelle einlesbare Daten. Der Mission Planner wird nun so konfiguriert, dass er diese darstellen kann, so wie es in Bild 102 gezeigt wird.

Die Bodenstation besteht also aus dem PC, bei welchem sowohl der Telemetrieempfänger als auch der Framegrabber über USB-Schnittstellen eingesteckt werden. Die Software „Mission Planner" kann alle Daten, GPS, Bilder, Akkuspannung und weiteres auf einem Bildschirm darstellen.

Mit der Zuhilfenahme des GPS und der Höheninformation über den Luftdrucksensor wäre es aus technischer Sicht grundsätzlich auch möglich, den Multicopter nur über den Bildschirm alleine zu steuern. Wie es schon weiter oben besprochen wurde, ist jedoch in vielen Ländern Sichtkontakt zum ferngesteuerten

Fluggerät vorgeschrieben. Somit ist eine Steuerung nur über die Bodenstation alleine nicht zulässig, sie darf also nur zu Kontrollzwecken und zur zusätzlichen Information eingesetzt werden.

In jedem Falle ist es möglich, eine zweite Person beizuziehen, welche die Daten der Bodenstation abliest und dem Multicopter-Piloten eine Hilfestellung liefert, sei es, indem er die Akkuspannung oder Flugzeit abliest, die Position des GPS mit dem Hintergrund der Karteninformation auswertet oder auch ganz einfach erklärt, welches Bild die Kamera gerade liefert.

Diese Art des sehr technikintensiven Modellbaus geht selbstverständlich sehr weit über den ferngesteuerten Flugmodellbau hinaus. Vor einem Start sind umfangreiche Tests nötig, bis alle Übertragungen des gesamten Systems funktionieren. Insgesamt laufen drei Übertragungen parallel, es sind dies die 2,4 GHz der Fernsteuerung, die 5,8 GHz der Videoübertragung und die 433 MHz der Telemetrie. Wie bereits weiter vorne beim Kapitel über die Telemetrie erwähnt, mag diese Art des Modellbaus nicht im Sinne eines jeden sein. Es ist jedoch die gute Eigenschaft der heutigen Technik, dass sie eben alle diese Möglichkeiten bietet. Man kann sie einsetzen, man muss aber nicht.

8.6 FPV-Racing

Es gibt auch bereits eine eigene Rennserie, welche sich das FPV zunutze macht. FPV ist in der neuen Klasse F3U sogar der zentrale Bestandteil der Rennserie. Die Idee dabei ist, dass mehrere Piloten mit Multicoptern zur gleichen Zeit möglichst schnell einen ausgeflaggten Parcours abfliegen. Dazu werden auch von verschiedenen Herstellern sogenannte FPV racing Quadrocopter angeboten, welche mit einer Kamera ausgerüstet sind. Der eigentliche Knüller dabei ist, dass der Parcours eben nicht von der Außensicht her abgeflogen wird, sondern dass die Piloten mit FPV Brillen fliegen und dabei virtuell sozusagen mitten im Geschehen drin sind. Diese Quadrocopter sind relativ klein gebaut und auch mit verstärkten Teilen versehen. Es geht dabei ja auch darum, dass man auf kleinstem Raum wendig manövrieren kann und außerdem sind auch Crashes von Quadrocoptern untereinander keine Seltenheit.

Für diese Art von Wettbewerben gelten auch erhebliche Sicherheitsmaßnahmen. Es muss gewährleistet sein, dass sich auf dem Flugfeld keine Personen befinden. Aus diesem Grund wird häufig in Turnhallen oder in mit Netzen abgeschlossenen Rasenflächen geflogen. Außerdem

Bild 108: FPV-Racing Parcours in der Halle

Bild 109: FPV-Kamera eines FPV-Racing Quadrocopters

werden auch Helfer benötigt, welche den Sichtkontakt, die „Line of sight" wahren. Sobald eine gefährliche Situation entsteht, müssen diese eingreifen und entweder selbst landen oder den Piloten zur Landung anweisen.

In dieser noch jungen Rennserie gibt es auch viele Beispiele für die Erstellung der Parcours. Das können Abschrankungen sein, unter welchen man durchfliegen, oder Hindernisse, welchen man ausweichen muss. Die Parcours in der dritten Dimension aufzustellen, ist aber eine andere Herausforderung, als wenn man einen Straßenparcours für RC-Cars ausflaggt.

Auch die Durchführung der Rennen kann unterschiedlich sein. So müssen beispielsweise in einer Qualifikation möglichst viele Runden in einer vorgegebenen Zeit absolviert werden. In späteren Eliminationsrunden kommen dann jeweils nur die besten weiter und diese wiederum messen sich am Ende dann in einer Finalrunde.

9 Kreiselsysteme

Viele Hersteller bieten heute Empfänger mit integrierten Kreiselsystemen oder auch Kreiselsysteme ohne Empfänger an. Der Begriff „Kreiselsystem“ stammt aus der Technik der Flugzeugindustrie. Um die Fluglage genau messen zu können, setzt man Schwungmassen ein, welche kardanisch aufgehängt sind. Diese werden in der Winkellage 0 geeicht. Ein Motor versetzt sie in eine schnelle Drehung. Genauso, wie ein Spielzeugkreisel während der Drehung nicht umfällt, behält auch der Flugzeugkreisel seine Lage während des Fluges bei. Wenn die Hoch-, Quer-, oder Längsachse im Flug verändert werden, so können die Winkel anhand dieser Drehung gemessen werden. Im Modellbau und teilweise auch in der „richtigen“ Fliegerei werden die Kreiselsysteme heute mit einer Kombination aus sogenannten Gyros und Beschleunigungssensoren realisiert, also nicht mehr mit rotierenden Teilen. Wie das genau funktioniert, wird weiter unten erklärt. Der Name „Kreiselsystem“ indes bleibt für diese Technik erhalten.

Die ersten Kreisel für den Modellbau wurden bei den Helikoptern zur Stabilisierung des Heckrotors und somit der Hoch- Achse eingesetzt. Wenn nur eine Achse stabilisiert wird, ist das eine Ein-Achs-Stabilisierung. Wegen der Ausführung mit „Gyros“ hat sich hierbei auch dieser Begriff für den Kreisel durchgesetzt, ja er wird sogar zu einer Art Synonym dafür. Der Gyro wird zwischen dem Empfänger-Akku und dem Servo eingebaut. Sobald sich nun das das Heck wegdreht, ohne

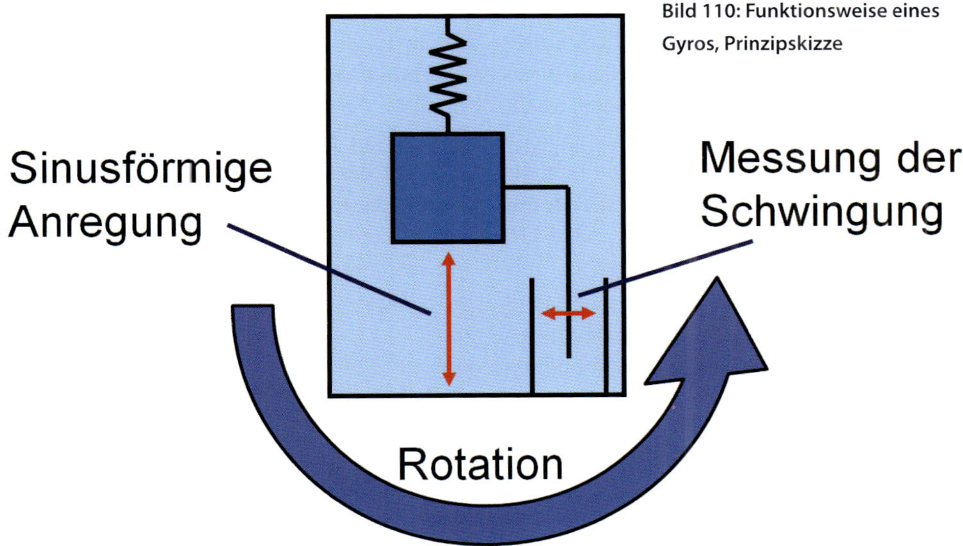

Bild 110: Funktionsweise eines Gyros, Prinzipskizze

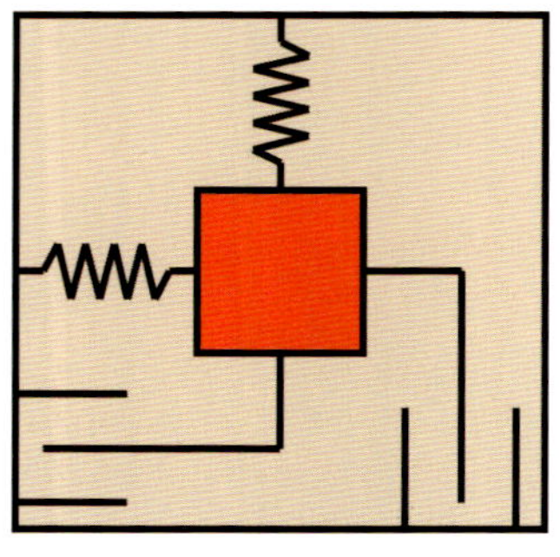

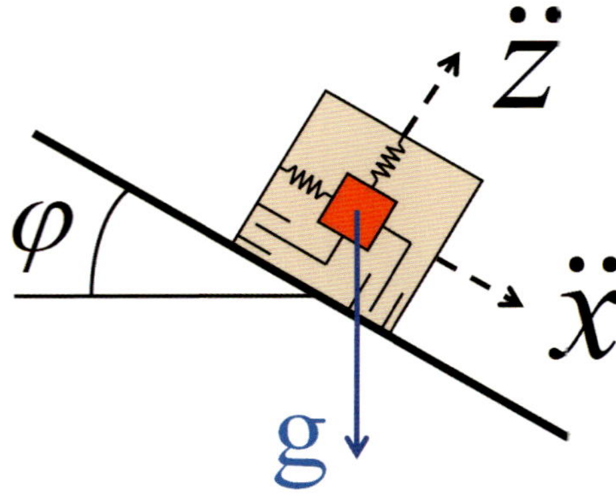

Bild 111: Beschleunigungssensor

dass ein entsprechendes Steuersignal von der Fernsteuerung ausgeht, misst das der Gyro und löst beim Servo eine entsprechende Gegenbewegung aus. Bei schnellen Auslenkungen durch Windeinflüsse sorgt er also dafür, dass der Servo entsprechend gegenlenkt, ohne dass der Modellpilot mit der Fernsteuerung überhaupt reagieren muss. Damit bleibt die Orientierung des Hubschraubers in der Hoch-Achse mit Gyro-Unterstützung so gut wie möglich gleich.

9.1 Gyro

Heute werden meisten im Modellbau eingesetzten Gyros mit der MEMS „Micro-Electro-Mechanical-System" Technologie realisiert. Manchmal werden sie auch SMM für „Silicon Micro Machine" genannt. Das heißt, dass die nachfolgenden Ausführungen technisch alle mit einem Silizium-Chip realisiert werden. Bild 110 zeigt eine Prinzipskizze. Schematisch ist dort eine Masse mit einer Feder aufgehängt. Sie wird seismische Masse genannt. Diese wird nun zu einer Schwingung angeregt. In der Abbildung schwingt sie also vertikal.

Der sogenannte gyroskopische Effekt sorgt jetzt dafür, dass eine Drehung diese Masse auch in horizontaler Richtung schwingen lässt. Die Schwingung ist dabei umso größer, je schneller die Drehung, also je grösser die Winkelgeschwindigkeit ist. Die Intensität der Schwingung und somit die Winkelgeschwindigkeit kann so direkt gemessen werden. Das kann kapazitiv geschehen und funktioniert dann so, dass die schwingende Masse eine Metallplatte zwischen zwei Kondensatorplatten verschiebt und damit deren Kapazität verändert. Wenn die Drehung in die entgegengesetzte Richtung erfolgt, dann ist die Schwingung phasenverschoben. So kann also auch die Drehrichtung erkannt werden. Die MEMS-Technologie ist heute erste Wahl für den Bau von Gyro-Sensoren. Es gibt heute aber auch noch Systeme, welche auf der Basis von Piezoelementen funktionieren. Sowohl für die Schwingungsanregung als auch die Messung werden dann die Eigenschaften der Piezoelemente ausgenützt. Diese weisen jedoch eine Temperaturdrift auf, deshalb müssen mit ihnen ausgerüstete Quadrocopter vor dem Start oftmals eine automatische Kalibrierungsroutine starten.

9.2 Beschleunigungssensor

Bild 111 zeigt einen Beschleunigungs-, oder in der häufig gehörten englischen Bezeichnung Acceleration-Sensor, beziehungsweise Accele-

rometer. Wieder wird eine seismische Masse in der MEMS-Technologie eingesetzt. Sie wird mit einer gedämpften Feder in allen drei Raumrichtungen aufgehängt. Wird das System geneigt, wie dargestellt, bewirkt die Erdbeschleunigung g eine Verschiebung dieser Masse.
Es werden jetzt in x- und in z-Richtung die projizierten Komponenten von g gemessen. Die beiden Pünktchen auf x und z zeigen dabei, dass es sich eigentlich um Beschleunigungen handelt. Die Messung erfolgt wieder kapazitiv, dieses Mal jedoch in allen drei Raumrichtungen, von welchen im Bild nur deren zwei dargestellt sind. Mit etwas Trigonometrie sieht man:

$$\ddot{x} = g \cdot \sin(\varphi)$$
$$\ddot{z} = -g \cdot \cos(\varphi)$$

Da ja „sin/cos = tan" ist, folgt daraus

$$\tan(\varphi) = -\ddot{x}/\ddot{z}$$

Für kleine Winkel ist der Tangens immer gleich groß wie der Winkel selbst (zum Ausprobieren: Taschenrechner auf RAD für Radiant stellen) und so vereinfacht sich dann die Gleichung zu:

$$\varphi = -\ddot{x}/\ddot{z}$$

Beschleunigungssensoren messen meistens dreidimensional auf einem Chip, also in x-, y- und z-Achse und werden mit einer nachgelagerten Elektronik auch direkt auf dem Chip ausgewertet. Der Neigungswinkel in der Nick-Achse wird wie oben beschrieben mit der x- und z-, derjenige in der Roll-Achse mit der y- und z-Komponente gemessen.

9.3 Kombination der Sensoren zur IMU, Inertial Measurement Unit

Mit beiden Sensoren, also mit dem Gier- und dem Beschleunigungssensor, kann der Winkel zwar berechnet werden. Beide weisen aber Vor- und Nachteile auf. Deshalb ergibt nur eine Kombination aus beiden, eine sogenannte Sensor- oder Datenfusion, ein zuverlässiges Resultat.
Zur Erklärung hilft etwas Physik. Die Winkelgeschwindigkeit ist die zeitliche Ableitung des Winkels, anders erklärt die Winkeländerung pro Zeiteinheit. Mit einem Gyro wird also nicht die Drehung oder der Winkel an sich, sondern nur die Drehrate gemessen. Erst wenn man das Signal des Gyros numerisch aufsummiert, wenn man also das Integral bildet, erhält man den Winkel. Das Problem bei numerischen Summenbildungen ist aber, dass sich Fehler fortpflanzen und so der berechnete Winkel nach kurzer Zeit nicht mehr genau dem gemessenen entspricht.
Der Beschleunigungssensor dagegen liefert zwar den exakten Winkel, aber nur im sogenannten stationären Fall. Wird der ganze Sensor schräg gestellt, so tritt zuerst eine Beschleunigung in Richtung der Schräglage auf, welche selbstverständlich ebenfalls gemessen wird und die Winkelberechnung verfälscht. Windeinflüsse verfälschen das Resultat zusätzlich. Nur ohne Wind und bei einer Bewegung mit konstanter Geschwindigkeit, also ohne Beschleunigung, wird der Winkel exakt gemessen, gelten also die obigen Formeln.
Die Berechnung der Winkel ist nicht ganz trivial. Es wird auf dem Gebiet der Sensorfusion viel Entwicklungsarbeit geleistet, um den Winkel mit einer Kombination aus Gier- und Beschleunigungssensoren exakt zu messen. Die Fachausrücke hierfür sind modellbasierte Ansätze oder Kalmanfilter. Einfach umschrieben, wird diese Kombination etwa folgendermaßen realisiert.
Der Winkel wird auf der Basis des Gyrosensors wie oben beschrieben numerisch aufintegriert. Das Signal des Beschleunigungssensors, welches zwar nicht immer, aber doch sehr oft ein einigermaßen gutes Signal für den Winkel liefert, wird als Referenz verwendet, um das aufintegrierte Gyrosignal abzugleichen. Es sorgt also dafür, dass der Winkel durch die numerische Integration nicht davondriftet.

Der Markt für Produkte, welche über exakte Raumwinkel verfügen müssen, ist heute sehr groß, was in den ersten Jahren des 21. Jahrhunderts auch eine massive Preisreduktion bewirkt hat. Diese Sensoren lassen sich beispielsweise auch in Smartphones oder Spielekonsolen und vielem mehr wiederfinden. Deshalb haben sich einige Hersteller auf die Berechnung und Messung dieser Sensorkombinationen spezialisiert und bieten komplette „On-Chip"-Lösungen an. Diese werden dann IMU, für „Inertial Measurement Unit" genannt. Darauf befinden sich dann alle nötigen Sensoren und Berechnungen und als Resultat werden die Raumwinkel zurückgegeben. Oftmals sind auch weitere Systeme wie Luftdrucksensoren und Kompasse integriert. Die Technik schreitet auch hier voran und die Lösungen sind am Ende immer preiswertere hochintegrierte Chips, welche direkt auf die Steuerungsplatinen gelötet sind und zu jeder Zeit sehr genaue Raumwinkel oder andere Lageinformationen angeben.

Für die 3-achsigen Kreiselsysteme muss also in jeder Rotationsachse (Roll, Nick und Gier, bzw. Rotation um die Quer-, Längs- und Hoch-Achse) ein Gier-Sensor vorhanden sein und für den Abgleich der Winkel zusätzlich auch ein Beschleunigungssensor in x, y und z.

9.4 In den Empfänger integrierte oder separate Kreiselsysteme

Beide Varianten im Titel sind gleichermaßen gut möglich. Es gibt heute von verschiedenen Herstellern Empfänger, in welche die Kreisel für die drei Achsen direkt integriert sind. Die Servos können an deren Ausgängen so eingesteckt werden, wie man es auch von den normalen Empfängern her kennt. Aber es ist selbstverständlich auch möglich, ein Kreiselsystem zwischen einen Empfänger und die Servos einzustecken. Solche Kreiselsysteme ohne Empfänger haben auch den Vorteil, dass sie weitgehend herstellerunabhängig sind. Sie operieren ja nur mit

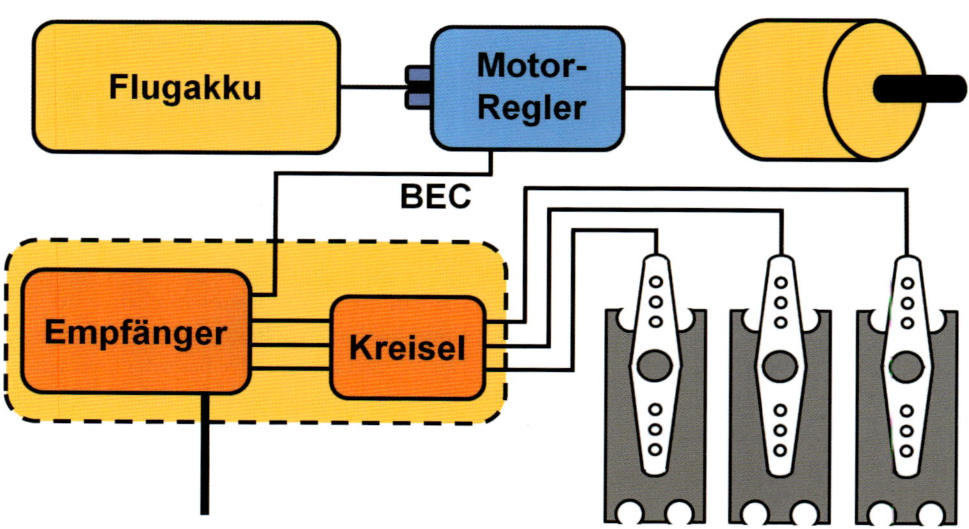

Bild 112: Kreiselsystem in der Gesamtanordnung in einem Modellflugzeug. Wie oben beschrieben, können Empfänger und Kreisel entweder separate Geräte sein oder in einem System integriert werden

Bild 113: Beispiel eines Kreisels, welcher zwischen Empfänger und Servos geschaltet wird

Bild 114: Beispiel eines Empfängers mit integriertem Kreiselsystem

dem Steuersignal nach Bild 5 und können so fast zwischen beliebige Empfänger und Servos gesteckt werden. Bild 112 zeigt die Verkabelung eines Gesamtsystems inklusive Brushless-Regler mit BEC, Motor, Empfänger und Kreisel sowie drei Servos für Seiten-, Höhen-, und Querruder.

9.4.1 Mehrachs-Systeme bei Helikoptern

Die heute eingesetzten Kreiselsysteme sind in den allermeisten Fällen dreiachsig ausgeführt. Am häufigsten werden sie immer noch bei Hubschraubern eingesetzt. Neben der schon von den ersten Kreiseln ausgeführten ein- achsigen Aufgabe der Hochachsen-Stabilisierung werden heute auch die Nick- und die Roll-Achse damit geregelt. Früher wurde Nick und Roll passiv stabilisiert. Die Paddelstange, welche auf dem Rotorkopf montiert war, sorgte für einen Ausgleich bei plötzlichen Kippbewegungen. Mit den modernen Kreiseln kann die Paddelstange entfallen. Der Hubschrauber wird dann sogenannt „Flybarless“ geflogen, was der englischen Übersetzung davon entspricht. Diese Art der Stabilisierung ist dann aktiv und birgt einige Vorteile in sich. Der Helikopter ist besser manövrierbar und damit auch wendiger. Außerdem verfügt er auch über mehr Leistungsreserve. Die Einstellmöglichkeiten der Gyros erlauben auch verschiedene Arten der Steuerung. Neben einem Normal-Modus gibt es auch den Heading-Hold-Modus. Wenn man im Normal-Modus eine Kurve fliegt, so dreht sich das Heck dabei automatisch nach hinten, da es vom Fahrtwind in diese Lage gedrückt wird. Eine Drehung des Hecks wird abgebremst und gestoppt, wenn der Gyro diese erkennt. Wie stark die Abbremsung ist, hängt von der Höhe der Gainwerte des Gyros ab. Je kleiner diese sind, desto schwächer ist die Empfindlichkeit und desto weniger steuert der Kreisel dagegen. Wenn man dagegen den Heading-Hold-Modus einstellt, behält das Heck auch bei einem Kurvenflug immer dieselbe Orientierung. Man muss dann für eine schöne Kurve im Flug immer mit der Fernsteuerung nachsteuern. Sobald eine ungewollte, also nicht von der Fernsteuerung hervorgerufene Drehung auftritt, regelt der Gyro zusammen mit seinem Servo so lange in die entgegengesetzte Richtung, bis das Heck wieder in der ursprünglichen Position steht.

Für das Erlernen des Helifluges ist der Normal Modus der geeignetere, jedenfalls sind sich hierbei viele Experten einig. Denn gerade für erste

Kurven- und Rundflüge ist es die natürlichere Art der Steuerung eines Modellhelikopters. Im Idealfall kann man das Heck in diesem Modus fast ganz außer Acht lassen, denn es dreht sich einfach im Fahrtwind mit. Wer aber danach 3D Kunstflugfiguren machen möchte, ist mit dem Heading-Hold-Modus besser bedient. Bei diesem Modus gilt es noch einer anderen Sache Rechnung zu tragen, welche einem Anfänger eher Schwierigkeiten bereiten könnte. Nach dem Einschalten und der Initialisierung speichert Heading-Hold die Orientierung. Wenn man den Helikopter jetzt von Hand versetzt und ohne weitere Maßnahmen wie beispielsweise einem Reset zu starten versucht, wird er sich sofort nach dem Start wieder in die gespeicherte Orientierung drehen. Das kann zu erheblichen Steuerschwierigkeiten führen.

9.4.2 Mehrachs-Systeme bei Modellflugzeugen

Für Modellflugzeuge wurden ursprünglich keine Kreiselsysteme eingesetzt. Grundsätzlich fliegt ein richtig getrimmtes Modellflugzeug ja auch in allen Achsen eigenstabil. Wer früher Freiflugmodelle wie beispielweise „Den kleinen Uhu“ oder ähnliche besaß, hat sicherlich wie der Autor ganze Nachmittage mit der Trimmung verbracht, mit dem Ziel, das Modell so lange wie möglich geradeaus fliegen zu lassen. Heute werden die Kreiselsysteme jedoch immer preiswerter und sind bereits in viele Empfänger integriert. Deshalb werden sie auch zunehmend in Modellflugzeuge eingebaut und dort im Normal Modus geflogen. Damit können unter anderem sehr gut deren Flugeigenschaften verändert werden. Nicht jedes Flugzeug liegt gleich

Bild 115: Corsair

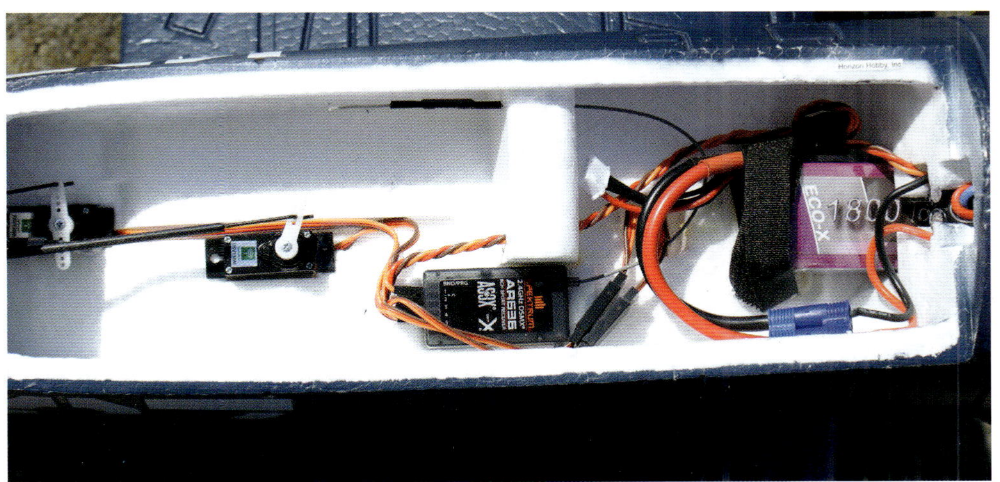

Bild 116: AR636, in der Corsair montiert

eigenstabil in der Luft. So kann beispielsweise ein etwas weniger gutmütiges Modell mit etwas Sensor-, bzw. Kreiselunterstützung in ein gutmütigeres verwandelt werden, indem eben die Stabilitätseigenschaften verändert werden. Mit einem richtig eingestellten Kreiselsystem fliegt das Flugzeug dann buchstäblich wie auf Schienen in der Luft. Das System hat ja zu jedem Moment Kenntnis über die Winkellagen. Bei einem Geradeausflug wird es bei einer Neigung, welche nicht durch eine Steuerung des Höhenruders hervorgerufen wurde, so nachregeln, dass es waagerecht liegt. Auch mit etwas mehr oder weniger Gas ist es nicht nötig nachzutrimmen, auch diese Aufgabe übernimmt das Kreiselsystem. Es wird das Flugzeug so steuern, dass es mit viel Gas leicht steigt und mit wenig Gas leicht sinkt. Bei Windeinflüssen, beispielsweise leichten Böen, sorgt es ebenfalls dafür, dass der Modellpilot (fast) nichts von diesen merkt. Es ist aber nicht jedermanns Sache, mit Kreisel- beziehungsweise Gyrounterstützung zu fliegen, denn der Einbezug der „Naturgewalten" wie Windeinflüsse macht in der Praxis ja auch Spaß. Aber in der Lern- und Übungsphase und auch dann, wenn man schwierige Flugmanöver fliegen will, ist man oft froh, wenn man eine solche Unterstützung in Anspruch nehmen kann. Auch Anfänger zählen in der Übungsphase sehr gerne auf diese Systeme, da sie sich dann voll und ganz den Basisfunktionen des Fliegens widmen können.

9.4.3 Ein Beispiel: Corsair mit AS3X

In der Folge soll ein solches Kreiselsystem in der Praxis untersucht werden. Als Beispiel wurde dazu das AS3X-Kreiselsystem mit SAFE-Technologie ausgewählt, stellvertretend für viele erhältliche Systeme. Kern des Systems ist der Spektrum Empfänger AR636 mit integriertem Kreiselsystem, wie es Im Bild 116 gezeigt wird. Als Modell wird die F4U Corsair S gewählt. Die Corsair wäre bezüglich der Flugeigenschaften eigentlich nicht unbedingt als Anfängermodell geeignet. Es handelt sich hierbei um einen Tiefdecker, und diese sind typischerweise etwas schwieriger zu fliegen als Hochdecker. Aber wie es schon oben beschrieben wurde, leistet das Kreiselsystem auch hier ganze Arbeit. Es macht aus der Corsair ein absolut sicher und gutmütig zu fliegendes Modellflugzeug. Der Empfänger AR636 ist bereits vollständig konfiguriert und

Bild 117: Beim GYA460 werden die Gainwerte über Potentiometer eingestellt

auch die Empfindlichkeiten in alle drei Achsen, die Längs-, Quer-, und Hoch- Achse, sind bereits optimal an das Modell angepasst. Wie bei vielen Flugzeugen verschiedener Hersteller bilden der fest eingebaute Empfänger und das Modell eine abgestimmte Einheit. Sie wird denn auch fertig konfiguriert entweder zusammen mit einer preiswerten Fernsteuerung als RTF-Modell geliefert, oder ohne Fernsteuerung als sogenanntes BNF (Bind-N-Fly). Das heißt, dass man das Modell mit seiner eigenen Fernsteuerung bindet. Wie weiter oben beschrieben wurde, haben die Hersteller in den meisten Fällen ihre eigenen Übertragungsprotokolle. Deshalb benötigt man für BNFModelle zwingend eine Fernsteuerung derselben Marke, also in diesem Fall von Spektrum.

Da die Kreiselsysteme ja jederzeit über die Winkellage aller Achsen informiert sind, können bei vielen auch weitere Funktionen wie beispielsweise Winkelbeschränkungen einprogrammiert werden. Beim vorliegenden Modell wird das mit vordefinierten Flugmodi der SAFE-Technologie gelöst. Die Modi „Anfänger", „Fortgeschritten" und „Expert" werden mithilfe der Bedienungsanleitung auf einen oder mehrere Schalter der Fernsteuerung gelegt. Dies erlaubt es dem Modellpiloten, sie direkt mit dem Sender umzuschalten. Beim Anfängermodus darf das Modell nur mit leichten Winkeländerungen vom Geradeausflug abweichen. Wie stark man auch immer an den Knüppeln der Fernsteuerung herumhebelt, das Flugzeug neigt sich dank der Winkelbeschränkung nur leicht nach vorne oder zur Seite. Im Fortgeschritten-Modus sind die erlaubten Winkel etwas grösser, aber es ist aus Sicherheitsgründen immer noch nicht erlaubt, Rollen oder Loopings zu fliegen. Flugfiguren, bei welcher eine Rückenlage gefordert wird, können damit also nicht durchgeführt werden. Erst der Flugmodus „Expert" lässt alle Fluglagen zu, so wie man es von Empfängern ohne Kreiselsysteme kennt. Es versteht sich von selbst, dass dies eine sehr große Hilfe beim Erlernen des ferngesteuerten Modellflugs darstellt. Es ist weiter auch noch ein sogenannter „Panikmodus" verfügbar, welcher ebenfalls auf einen Schalter der Fernsteuerung programmiert werden kann. Sobald der „Panikbutton" eingeschaltet wird, übernimmt der AR636 das Kommando über das Flugzeug und steuert es auf dem schnellsten Weg in eine stabile Horizontal-Lage. Bei einem Orientierungsverlust ist das selbstverständlich eine sehr gute Hilfe und kann einen schon einmal vor dem Verlust seines Flugmodells bewahren. Dieser Modus kann auch bei Start und Landung eingesetzt werden und sorgt zusammen mit der Gasstellung für einen geordneten Steig- und Sinkflug.

Wenn man das Modellflugzeug mit eingeschaltetem Empfänger bewegt, ohne dass man dabei die Knüppel der Fernsteuerung bewegt, kann man gut beobachten, wie Höhen-, Quer-, und Seitenruder auf Winkelveränderungen der Längs-, Quer-, und Hoch-Achse reagieren. Diese Funktion lässt das Flugzeug wie weiter oben beschrieben ruhig in der Luft gleiten und gleicht Windeinflüsse sanft aus.

9.5 Montage des Kreiselsystems

Da ein Kreiselsystem ja die Winkel der Achsen messen soll, ist es auch wichtig, dass es am Flugzeug oder Helikopter richtig montiert wird. Ein „normaler" Empfänger wird etwas in Schaumstoff eingewickelt und dann an einem freien Platz platziert, möglichst zentral, damit die Kabel für die Servos und die Stromversorgung nicht zu lang werden. Bei einem Empfänger mit integriertem Kreiselsystem dagegen ist die richtige Montage von größter Bedeutung für dessen korrekte Funktion. Die Lage muss rechtwinklig zu den Achsen erfolgen, damit ein Übersprechen von den diesen untereinander verhindert wird. Je nach dem verwendeten System ist die Orientierung zwingend vorgegeben oder sie darf auf mehrere Arten vorgenommen werden, beispielsweise mit einer Verdrehung um 180°. Auch die Art, wie das Kreiselsystem fixiert wird, ist diskussionswürdig. Man könnte mit der ersten Überlegung denken, es müsse möglichst kraftschlüssig mit dem Fluggerät verbunden werden. Die Praxis zeigt jedoch, dass dann auch relativ hochfrequente Vibrationen wie beispielsweise kleine Propellerunwuchten auf das Gyrosystem übertragen werden. Weder dieses noch die nachgelagerten Servos, Ruder und Rudergestänge sind jedoch auf eine Ausregelung dieser Vibrationen ausgelegt. Sie sind auf die eher tieferfrequenten Lageänderungen des Flugmodells ausgerichtet. Deshalb sind Vibrationen hierbei störend. Aus diesem Grund wird oftmals geraten, dünne Gummiplättchen zwischen Empfänger und dem Modell anzu-

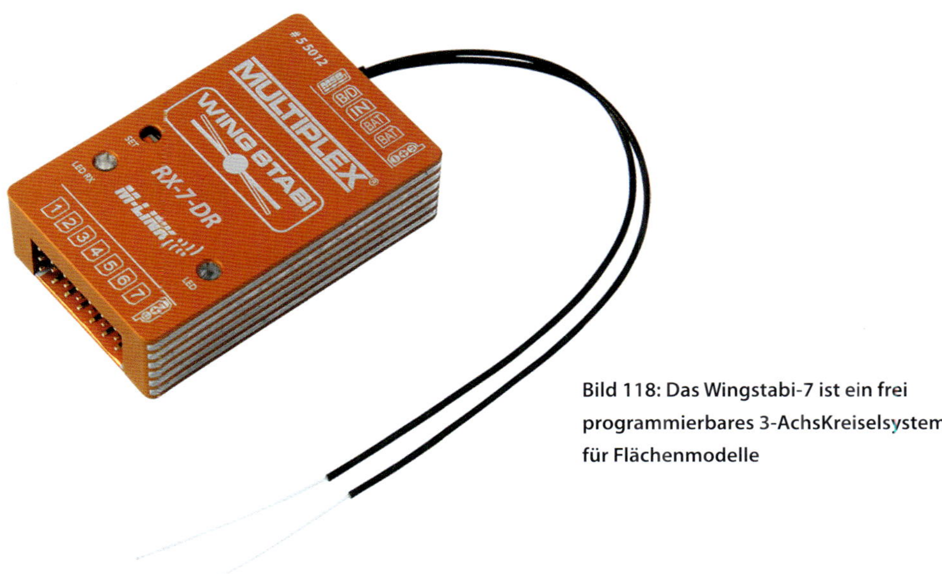

Bild 118: Das Wingstabi-7 ist ein frei programmierbares 3-AchsKreiselsystem für Flächenmodelle

bringen und dann alles mit Kabelbinder zu fixieren, oder die Montage mit doppelseitigem Klebeband vorzunehmen. Alle diese Maßnahmen dämpfen höherfrequente Schwingungen weg und beeinflussen außerden die tieferfrequenten Lageänderungen nicht. Für diesen Fall ist das ideal. Bei den heute sehr oft eingesetzten Schaummodellen kann der Empfänger mit Kreisel direkt auf dem Schaumstoff angebracht werden, da auch dieser eine dämpfende Wirkung auf Vibrationen hat.

9.6 Einstellung der Empfindlichkeit bzw. der Gainwerte

Wie stark die Ruder bei einem äußeren Einfluss gegenlenken, kann mit der Empfindlichkeit oder den Gainwerten eingestellt werden. In den meisten Fällen können hierbei Potentiometer oder Prozentwerte zwischen 0% und 100% eingestellt werden. Dabei entspricht ein Wert von 0%, dass der Kreisel gar keinen Einfluss auf die Ruderbewegungen hat. Ein Wert von 100% dagegen entspricht einem maximalen Einfluss, bzw. einem maximalen Gegenlenken. Das ist in den meisten Fällen so. Es kann für Kreiselsysteme, welche für Hubschrauber ausgelegt wurden, jedoch auch sein, dass ein Wert von 50% einer Empfindlichkeit von 0 entspricht, 0% dagegen einer maximalen Empfindlichkeit im Normal-Modus und 100% einer maximalen Empfindlichkeit im Heading-Hold-Modus. Dazu sei aber auf die jeweiligen Bedienungsanleitungen verwiesen. Selbstverständlich können die Gainwerte für alle Achsen jeweils separat eingestellt werden. Es ist ja beispielsweise bei den Flugmodellen so, dass Höhen-, Seiten-, und Querruder nicht gleich dynamisch auf Ruderausschläge reagieren. Es gibt ganz verschiedene Möglichkeiten, wie die Gainwerte eingestellt werden oder wie zwischen Normal-Modus und Heading-Hold-Modus umgeschaltet werden kann, entweder mit der Fernsteuerung oder mit separaten Einstellungen. Einige von ihnen seien an dieser Stelle beschrieben. Es ist durchaus möglich, dass man einen Gainwert über die Fernsteuerung situativ einstellen möchte, deshalb gibt es viele Modellhelipiloten, welche denjenigen der Hoch-Achse, oder auch weitere über einen eigenen Kanal, mit einem Potentiometer direkt am Sender einstellen. Da der Gyro der Hoch-Achse bei den Helis ja die erste und über lange Zeit die einzige Art der Kreiselunterstützung im Modellbau war, ist dort der Standard, dass der Kanal 5 dafür eingesetzt wird. Es gibt jedoch auch Systeme, bei welchen die Gainwerte über mit Schraubenziehern verstellbare Potentiometer direkt am Kreisel verstellt werden. Eine weitere Möglichkeit ist, dass pro Achse zwei verschiedene fest einprogrammierte Gainwerte über die Dual-Rate eingestellt werden können. Das ist besonders deshalb interessant, weil man ja über die Dual-Rate auch verschiedene Servo-Kennlinien für unterschiedliche Flugphasen zur Verfügung hat, wie beispielsweise für Langsam- oder Speedflug, welche dann auch unterschiedliche Gainwerte erfordern können. Bei Systemen, welche das unterstützen, können die festen Gainwerte über in der Bedienungsanleitung ersichtliche Knüppelstellungen bei der Fernsteuerung einprogrammiert werden. Und selbstverständlich verfügen heute viele Kreiselsysteme auch über Programmierschnittstellen, mit welchen sie an den PC angeschlossen werden. Sie können dann über eine entsprechende Software programmiert werden.

9.7 Gainwerte, Empfindlichkeit

9.7.1 Vorzeichen der Gainwerte

Man stelle sich vor, dass die Ruder in die falsche Richtung korrigieren, in diesem Fall würde das Kreiselsystem den Heli oder das Modellflugzeug destabilisieren anstatt zu stabilisieren. Grundsätzlich muss man diesem Umstand bei reversierten Servo-Wegen Rechnung tragen. In jedem Fall muss man das nach beendetem Einstellvorgang immer auf allen Achsen entsprechend prüfen. Man hält das Flugzeug so, dass das Heck zu einem hin zeigt. Wenn man dann die Nase schnell nach links dreht, muss das Seitenruder nach rechts auslenken. Wenn man das Flugzeug nach rechts rollt, muss sich das rechte Querruder nach unten bewegen und das linke nach oben. Wenn man die Nase nach unten bewegt, muss sich das Höhenruder nach oben bewegen. Ist das nicht in jeder Richtung gegeben, so muss man entweder die Servo-Wege reversieren oder man hat beim Kreiselsystem die Möglichkeit, die Gainwerte invers einzustellen.

9.7.2 Höhe der Gainwerte und eingesetzte Servos

Die Kreiselunterstützung ist technisch ausgedrückt eine sogenannte Gegenkopplung oder eine Regelung. Diese wirkt umso stärker, je höher die Gainwerte sind. So toll die Resultate bei richtig eingestellten Gainwerten sind, so desaströs sind sie, wenn diese zu groß sind. In diesem Falle ist es möglich, dass die Servos zusammen mit den Rudern und dem ganzen Modell zu schwingen beziehungsweise zu flattern beginnen. Schwingende Ruder können das Modellflugzeug unweigerlich zum Absturz bringen. Sobald man im Flug Anzeichen dafür spürt, muss man den Gain signifikant kleiner einstellen. Für die Einstellung der absoluten der Höhe der Gains gilt der Grundsatz, zuerst immer mit kleinen Werten zu starten (oder je nach der Einstellmöglichkeit mit Heading-Hold und Normal-Modus bei 50%). Wenn in der Bedienungsanleitung für verschiedene Modelltypen Gainwerte angegeben sind, darf man sich auch an diesen orientieren.

Langsam reagierende Servos können zusätzliche Schwierigkeiten bezüglich Schwingungen hervorrufen. Deshalb empfehlen viele Hersteller den Einsatz von digitalen Servos, welche auf eine höhere Dynamik eingestellt sind, beziehungsweise auf eine solche eingestellt werden können. Diese benötigen dann einen höheren Strom, dafür können aber auch höhere Gainwerte eingestellt werden. Es sollen an dieser Stelle aber auch einige Zahlenwerte für Gainwerte angegeben werden. selbstverständlich ist das ohne absolute Gewähr, denn in diesem Falle kann nichts den Realitätstest der konkreten Kombination von Modell und Kreiselsystem ersetzen. Ein normales Sportflugzeug wird auf allen Achsen Gainwerte von etwa 70% aufweisen, wenn das Minimum auf 0% und das Maximum auf 100% angenommen wird. 3D-Flugzeuge werden eher tiefere Gainwerte von um die 40% aufweisen. Bei diesen übernimmt der Pilot mit ständigem Steuerbewegungen eine viel aktivere Rolle, und dabei sind eigenständige Bewegungen durch das Gyro-System eher weniger erwünscht. Wenn man 3D-Flugzeuge auch im Normalflug betreiben möchte, empfiehlt es sich, mit einem zweiten Parametersatz höhere Werte bereitzustellen und diese beispielsweise zusammen mit der Dual Rate einzustellen, sofern es das Kreisel- oder Gyro-System erlaubt.

In einigen Bedienungsanleitungen wird auch von PID-Reglern anstelle von Gainwerten gesprochen. Weiter oben wurde ja auch beschrieben, dass ein Kreisel eigentlich die Ruder regelt. Der wichtigste Parameter dabei ist der P-Anteil, welcher identisch mit dem Gainwert ist. Der I-Anteil ist oftmals nicht implementiert oder weist einen sehr kleinen Wert auf. Ein D-Anteil macht die Wirkung des Gyros noch etwas größer, da er auf das abgeleitete Gyrosignal wirkt. Ob der Modellpilot jedoch mit oder ohne Kreiselunterstützung fliegen möchte, muss er selbst entscheiden. So sind viele der Ansicht, dass sich der „pure" Flugspaß eben nur ohne jegliche Sensorunterstützung einstelle und dass es ja eben gerade großen Spaß mache, gegen Windböen anzufliegen und mit diesen die Figuren in den Himmel zu zeichnen. Andere wiederum sind froh, wenn sie eine solche Unterstützung in Anspruch nehmen können. Jeder entscheide für sich selbst, ob er die vorhandene Technik einsetzen will oder nicht.

10 Einbau und Inbetriebnahme

Es wurden in diesem Buch viele Überlegungen nach der richtigen Lage der Antenne, über Diversity, sowie über den sicheren Empfang angestellt. Dieses Kapitel zeigt für alle Modellbausparten noch je ein ausgewähltes Beispiel für den Einbau. Zu einer korrekten Inbetriebnahme gehört neben der Entstörung der Komponenten ein Reichweitentest.

10.1 Einbau im Modell und Verlegung von Kabeln

Selbstverständlich können die wenigen Beispiele in diesem Kapitel nicht allen existierenden Modellen gerecht werden. Die Standardfälle werden jedoch abgedeckt und es wird gezeigt, wie Antennen und Komponenten möglichst störsicher verlegt und angeordnet werden können.

10.1.1 Flächenmodell

Beim Flugmodell „Chubby Lady“ handelt es sich um ein Fast-Fertigmodell. Insbesondere müssen alle RC Komponenten noch selbstständig eingebaut werden. Es wird ganz klassisch über ein Seiten- und Höhenruder gesteuert. Außerdem versorgt der Brushless-Regler den Empfänger über den Flugakku mit Energie. Eine schematische Darstellung der Energieversorgung mit BEC wurde in Bild 8 dargestellt. Wie in Kapitel 4.5 in einem Merksatz besprochen, sollten bei Flugmodellen Diversity-Empfänger eingesetzt werden. In Bild 119 ist zu sehen, dass die beiden Antennen des Empfängers mit einem ebenfalls in Kapitel 4.5 besprochenen Winkel von 90° zueinander stehen. Sie stehen auf einer Länge von einigen Zentimetern vom Modell ab. In einigen Bedienungsanleitungen

Bild 119: Diversity-Antennen bei einem Flugmodell

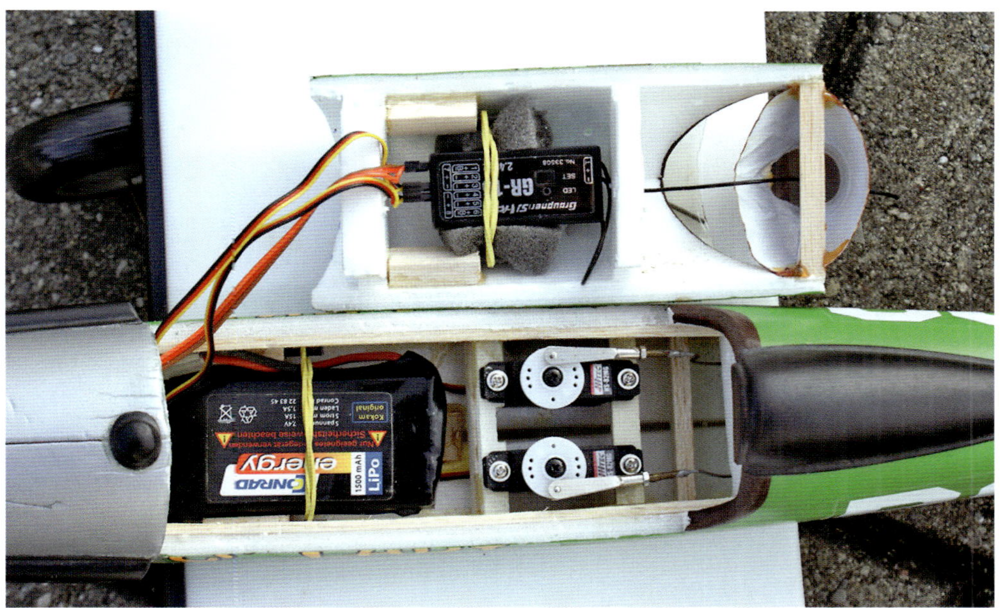

Bild 120: Eingebaute Empfangsanlage

wird im Zusammenhang mit Diversity-Antennen darauf hingewiesen, dass bei Modellflugzeugen eine der beiden Antennen senkrecht montiert werden soll. Diese Art der Art der Antennenführung sei optimal.

10.1.2 Antennenmontage vertikal nach oben oder nach unten?

Bei einem Flugzeug, welches wie dasjenige in Bild 119 aus geschäumten Material besteht, darf die Antenne unter der Durchführung eines Reichweitentests auch vertikal nach oben montiert werden, so wie es hier gezeigt wird. Sobald der Rumpf jedoch aus leitenden Teilen besteht, ist die Montage von einer der beiden Antennen nach unten empfehlenswert, da der Modellpilot ja meistens Sichtkontakt auf die Unterseite des Modells hat.

Das hat dann bei der Landung jedoch wieder den Nachteil, dass die Antenne näher zum Boden ist, was sich wiederum negativ auf die Fresnel-Zone auswirkt.

10.1.3 Innenansicht

Bild 120 zeigt die Innenansicht mit aufgeklappter Haube. Ein Grundsatz sollte es immer sein, die einzelnen Komponenten im Flugzeug zu fixieren. Man muss speziell bei Flugmodellen daran denken, dass diese auch andere Lagen einnehmen können, beispielsweise bei einem Rückenflug.

Der Empfänger wird in etwas Schaumstoff verpackt und mit einem Gummiband festgehalten. Der Akku ist ebenfalls mit einem Gummiband fixiert und liegt bei geschlossener Haube unterhalb des Empfängers. Dadurch ergibt sich etwas Sicherheitsabstand wegen der zu erwartenden Wärmeentwicklung bei der Entladung. Hinten sind die beiden Servos montiert. Sie bewegen mit ihren Ruderhörnern direkt das Seiten- und Höhenruder über ein Gestänge.

Häufig steht in Betriebsanleitungen, man solle unbedingt darauf achten, stromführende Leiter in möglichst großem Abstand vom Empfänger und den Servos zu verlegen. Das wird im

Bild 121: Modellhelikopter mit Diversity

vorliegenden Beispiel gut umgesetzt. Vorne im Motorraum und im Bild nicht sichtbar, liegt der Brushless-Regler. Alle stromführenden Leitungen verlaufen also zunächst vom Akku direkt nach vorne zum Regler und Motor. Einzig die Empfängerversorgung wird über den BEC Stecker wieder zurückgeführt. Das ist selbstverständlich auch deshalb nötig, weil der Brushless-Regler über dasselbe Kabel auch die Information über die Gasstellung erhält. Die Montage der Servos erfolgt seit langer Zeit über Gummitüllen und einem eingeschobenen Hohllager aus Messing. Dieses wird mit einer Schraube fixiert, welche meistens in eine Holzleiste greift. Damit sitzt der Servo einerseits fest im Modell und ist andererseits wegen der Gummitüllen auch etwas gegen Vibrationen geschützt. Es sollte deshalb darauf geachtet werden, dass die Schraube nicht zu stark angezogen wird. Das Befestigungsmaterial gehört bei jedem Servo zum Lieferumfang, genauso wie auch einige Ruderhörner.

10.1.4 Modellhubschrauber

Auch bei Modellhubschraubern ist Diversity unbedingt zu empfehlen. Bild 121 zeigt eine mögliche Ausführungsvariante. Die beiden Antennen werden in zwei weißen Plastikröhrchen nach hinten geführt. Wieder ist die ca. 90° Orientierung zueinander ersichtlich. Die letzten Zentimeter sind dabei wie schon beim Flugmodell frei. Hubschrauber bestehen häufig aus Metall- oder Kohlefaserteilen. Genauso, wie die Antennen nicht in der Nähe von Kabeln verlegt werden sollten, sind sie generell möglichst weit weg von leitenden Materialien zu platzieren. Auch diesem Umstand wird in unserem Beispiel Rechnung getragen. Wie das Bild zeigt, sind sie mit einem großen Abstand zu den tragenden Metallteilen montiert. Aus demselben Grund befinden sie sich auf der Unterseite des Hubschraubers. Da sich der Modellpilot im Flug unterhalb des Modells befindet, besteht Sichtkontakt zwischen dem Sender und den Empfängerantennen. Im Vergleich dazu hat das weiter zuvor besprochene Flugmodell seine Antennen auf der oberen Seite. Da dieses zu einem großen Teil aus geschäumten Material besteht, ist die Durchdringung der 2,4 GHz-Wellen dort viel besser. Würde der Flugzeugrumpf aus CFK Teilen bestehen, sollten die Antennen besser unten herausgeführt werden.

10.1.5 Motorisierter Gleitschirm

Bild 122 zeigt das Modell eines motorisierten Gleitschirms. Auch hier werden die Antennen auf beiden Seiten aus dem Modell herausgeführt, im Bild ist jedoch nur eine sichtbar. Solche frei heraushängenden Antennen sieht man sehr oft. Sie können sich im Flug dann im Fahrtwind bewegen und es ist nicht gewährleistet, dass sie 90° zueinander stehen. Wenn sie wie in Bild 121 in Plastikröhrchen geführt würden, könnten sie leicht nach hinten vom Rumpf abgewinkelt montiert werden. Hier wäre es dann sinnvoll, die letzten paar Zentimeter aus dem Röhrchen herauszuführen.

10.1.6 Auto- und Schiffsmodell

Bei den Modellautos und den Modellschiffen wird oftmals kein Diversity eingesetzt. Wie es in Kapitel 4 beschrieben wurde, sind die Antennen häufig vertikal polarisiert. Dann zeigen sie senkrecht nach oben. Bild 123 zeigt das für ein Schiffsmodell.

Es ist zu sehen, dass die Antenne wasserdicht montiert sein muss. Der Empfänger befindet sich auf der Innenseite meistens sehr nahe an der Gehäusedurchführung und Wasser ist et-

Bild 123: 2,4-GHz-Antenne bei einem Schiffsmodell

Bild 122: Motorisierter Gleitschirm

Bild 124: Antenne bei einem Automodell

was, was die Elektronik gar nicht schätzt. Aus diesem Grund ist die Antennendurchführung geschraubt und mit einem Dichtungsring verbunden. Zusätzlich ist die Antenne selbst mit einem Schrumpfschlauch versehen, sodass zwischen ihr und der Antennendurchführung ebenfalls kein Wasser in den Bootsrumpf eindringen kann.

Bild 124 zeigt die Antennenmontage bei einem Automodell. Da das Chassis nicht wasserdicht ausgeführt ist, wird der Empfänger in einer gegen Spritzwasser geschützten Box untergebracht. Im vorliegenden Beispiel führen das BEC Kabel mit dem grünem Ferritkern und dasjenige des Steuerservos hinein. Wie bei allen Anwendungen, bei welchen die Empfängerversorgung mit dem BEC erfolgt, erhält auch der Motorregler seine Signale über dieses Kabel. Das entspricht wieder der Darstellung in Bild 8, mit dem Unterschied, dass nur ein Servo verwendet wird. Die Antenne wird in einem Gummischlauch nach oben herausgeführt.

10.1.7 Innenmontage der Antennen?

Hin und wieder sieht man in der Praxis auch Antennen, welche innerhalb der Rümpfe montiert sind. Das mag bei Schaummodellen oder solchen mit Kunststoffabdeckungen schon funktionieren. Allerdings sollte man dann aber immer einen Test der Reichweite durchführen und diese mit einer außen montierten Antenne vergleichen. Bei Innenmontagen sind ja grundsätzlich auch die Kabel der Servos oder des Antriebs näher und schmälern den sicheren Empfang. Sobald in den Modellrümpfen leitende Materialien wie beispielsweise Kohlefaser verbaut sind, ist von einer Innenmontage dringend abzuraten. Die Materialdurchdringung der 2,4-GHz-Funkwellen ist einfach schlechter als diejenige der MHz-Wellen. Wie außerdem bereits beschrieben wurde, beschränken auch die Normen die zur Verfügung stehende Senderleistung immer mehr. Deshalb sind alle hier beschriebenen Antennen direkt von außen sichtbar, auch wenn man das aus ästhetischen

Gründen vielleicht gerne vermeiden würde. Bei den heutigen teilweise sehr großen Modellen geht die Empfangssicherheit über alles und man sollte deshalb alles unternehmen, dass diese in jedem Fall optimal gewährleistet ist. Der Autor führt deshalb die Antennen bei all seinen Modellen immer nach außen.

10.2 Entstörung von Komponenten

10.2.1 Ferritkern beim BEC-Kabel

Bei vielen Reglern ist das BEC Kabel bereits serienmäßig mit einem Ferritkern ausgestattet. Es handelt sich dabei um einen Ring aus Eisen-haltigem Material. Das Kabel wird dabei einige Male in derselben Richtung um den Kern gewickelt.
Ein Ferritkern ist auf in den Bildern 16 und 124 zu sehen. Er dämpft Störungen, welche vom Motorregler her kommen, damit der Empfänger eine saubere Spannung erhält. Bei Empfangsproblemen ist auch das eine Möglichkeit zur besseren Entstörung.

10.2.2 Entstörung von Elektromotoren

Gleichstrommotoren oder Brushed-Motoren werden heute nur noch selten als Antriebe von Modellen eingesetzt, da sie im Vergleich zu den Brushless-Motoren einige Nachteile bezüglich Wirkungsgrad und Verschleiß aufweisen. Trotzdem sind sie immer noch im einen oder anderen Modell eingebaut. Da die mechanische Umschaltung des Stromflusses über die Bürsten hohe Spannungsspitzen und damit Störungen über den gesamten Frequenzbereich verursacht, müssen diese Motoren entstört werden. Dazu werden im Handel Entstörsätze angeboten. Diese bestehen meistens aus drei Kondensatoren. Je einer wird von den beiden Anschlüssen zum Gehäuse geführt. Ein dritter liegt zwischen den beiden Anschlüssen. Die Größe der Kondensatoren hängt von der Größe des Motors ab. Wenn in einem Modell Motoren für Spezialfunktionen eingesetzt werden, beispielsweise für Einziehfahrwerke, Krane, Wasserpumpen oder ähnliches, müssen diese selbstverständlich korrekt entstört werden. Die heute fast überall als Antriebe eingesetzten Brushless-Motoren benötigen keine Entstörung. Die Kommutierung, welche bei den Gleichstrommotoren die Spannungsspitzen verursacht, wird hier elektronisch gelöst. Aufgrund von schaltungstechnischen Maßnahmen bei den Brushless-Reglern treten keine Spannungsspitzen auf.

10.3 Reichweitentest

Der Test der Reichweite gehört heute klar zu der Checkliste, welche ein pflichtbewusster Modellpilot oder -kapitän vor jedem Einsatz seines Modells durchführen sollte. Die meisten Fernsteuerungen stellen hierfür Hilfestellungen zur Verfügung. Bei den meisten Lösungen wird dabei die Senderleistung stark reduziert, sodass sich allfällige Empfangsstörungen bereits nach einigen zehn Metern bemerkbar machen.
Es ist dabei sehr wichtig, dass ein Modell niemals in diesem Modus gestartet werden kann, da das sonst unweigerlich zum Empfangsverlust nach vielleicht 50 Metern führt. Deshalb haben sich die Hersteller dazu einiges einfallen lassen. Bei den Fernsteuerungen der einen Hersteller kann nach dem Einschalten nur einmal für etwas mehr als eine Minute in diesen Modus geschaltet werden. Bei anderen ist dieser Modus erst nach einer Abschaltung wieder möglich, wenn der Sender schon einmal mit der vollen Leistung gesendet hat. Bei wieder anderen Fernsteuerungen muss eine ganz spezielle Tastenkombination gedrückt werden, um den Reichweitentest bei verminderter Senderleistung durchzuführen.
In den Bedienungsanleitungen wird der Test beschrieben. Er ist immer ähnlich:

- Das Modell sollte leicht erhöht, vielleicht auf einer Kartonschachtel oder einer Holzkiste stehen. Als Erinnerung – die erhöhte Position ist wegen der Fresnel-Zone (Kapitel 3.3) nötig!
- Nun sollte man sich bei vorerst ausgeschaltetem Motor vom Modell entfernen. Dabei muss man immer die Knüppel bewegen und dabei die Servobewegungen beobachten. Die maximale Entfernung hängt von der reduzierten Senderleistung beim Reichweitentest ab, sie wird in den meisten Bedienungsanleitungen aber etwa mit 30 bis 50 m angegeben. Bis zu dieser Entfernung sollten die Servos die Bewegungen mitmachen.
- Wenn das Modell mit einem Motor ausgerüstet ist, sollte man dasselbe noch einmal durchführen, wenn dieser eingeschaltet ist. Auch hierbei sollten die Servos die Knüppelbewegungen bis zur maximalen Entfernung mitmachen.
- Gegebenenfalls kann auch ein Helfer die Servobewegungen beim Modell überprüfen. Nun kann man sich auch weiter als bis zur maximalen Entfernung bewegen, bis die Servos zu flattern beginnen. Nach dem Umschalten auf den normalen Sendebetrieb sollte bei diesem Abstand wieder alles normal funktionieren.

10.3.1 Wenn der Reichweitentest nicht bestanden wird

Wenn schon im Normalbetrieb die Servos flattern, der Empfänger in den Fail-Safe-Modus übergeht oder wenn dies beim Reichweitentest schon bei weniger als der maximalen Entfernung passiert, sollten folgende Dinge, welche bereits angesprochen wurden, noch einmal überprüft werden:

- Ist die Antenne des Empfängers genügend weit weg von leitenden Teilen und stromführenden Leitern montiert?
- Sind die stromführenden Leiter genügend weit entfernt vom Empfänger verlegt?
- Im Falle des Einsatzes eines Bürstenmotors: ist dieser korrekt entstört?
- Hilft das Einfügen eines Ferritkernes beim BEC Kabel?

Wenn diese Punkte gut gelöst sind, sollte eine Fernsteuerung zuverlässig funktionieren.

11 Literatur

Frohn, Siegfried: Fernsteuerungen im Schiffsmodellbau für Ein- und Umsteiger. Verlag für Technik und Handwerk, Baden-Baden 2010. ISBN 978 3 88180 420 2

Kainberger, Gerald: Das große Buch des Modellflugs. Verlag für Technik und Handwerk, Baden-Baden 2010. ISBN 978 3 88180 793 7

Kark, Klaus: Antennen und Strahlungsfelder: Elektromagnetische Wellen auf Leitungen, im Freiraum und ihre Abstrahlung. Vieweg + Teubner Verlag, 4. Auflage 2011. ISBN 978 3 83481 495 1

Kemme, Gerhard: Von Antenne zu Antenne: Notizen zu einer Theorie der Übertragung. Elektromagnetische Wellen auf Leitungen, im Freiraum und ihre Abstrahlung. Books on Demand, Norderstedt, 2. Auflage 2009. ISBN 978 3 83703 862 0

Kotting, Manfred-Dieter: Moderne Fernsteuerungen für RC Flugmodelle: Empfänger, Servos, Zubehör. Verlag für Technik und Handwerk 2008. ISBN 978 3 88180 780 7

Meyer, Martin: Kommunikationstechnik: Konzepte der modernen Nachrichtenübertragung. Vieweg + Teubner Verlag, 4. Auflage 2012. ISBN 978 3 83481 338 1

Passern, Ulrich: Das LiPo-Buch. Verlag für Technik und Handwerk, Baden-Baden 2012. ISBN 978 3 88180 434 9

Sauter, Martin: Grundkurs Mobile Kommunikationssysteme: UMTS, HSDPA und LTE, GSM, GPRS und Wireless LAN. Vieweg + Teubner Verlag, 4. Auflage 2011. ISBN 978 3 83481 407 4

Tietze, Ulrich / Schenk, Christoph / Gamm, Eberhard: Halbleiter- Schaltungstechnik. Springer Verlag, 14. Auflage 2012. ISBN 978 3 64231 025 6

3D-Druck im Flugmodellbau

Vom ersten Entwurf zum finalen Druck

Thomas Fischer

Die Herstellungsmethode des 3D-Drucks erfreut sich wachsender Beliebtheit. Auch im Modellbau findet das 3D-Druckverfahren immer mehr Anklang. Thomas Fischer beantwortet in seinem Buch alle Fragen rund um den 3D-Druck im Flugmodellbau. Sowohl der interessierte Neuling als auch der bereits praktisch tätige Anwender wird hier fündig. Praxisnah erläutert und vertieft das Buch die Grundlagen zum 3D-Druck, technische und persönliche Anforderungen sowie Vor- und Nachteile verschiedene Filament-Materialien und Druckprozesse. Darüber hinaus beschreibt der Autor die eigenen Projekte mit praktischen Tipps – unter anderem den Bau eines Drei-Meter-Seglers, eines Super-Tigers und selbstgedruckten Bauteilen.

Umfang: 192 Seiten
ArtNr: 3102294
Preis: 32,90 €

RC-Wasserflugmodelle

Konstruktion und Optimierung

Jörg Pfister

Warum hüpfen Wasserflugzeuge bei der Landung? Warum macht ein Wasserflugzeug beim Start einen Sprung nach oben? Viele Probleme beim RC-Wasserflug liegen nicht unbedingt am Können des Piloten, sondern sind oft konstruktionsbedingt. Jörg Pfister zeigt, worauf es beim Eigenbau eines Wasserflugzeuges oder beim Kauf und der Optimierung eines Fertigmodells ankommt.

Umfang: 144 Seiten
Abbildungen: 147
ArtNr: 3102251
Preis: 23,80 €

Mini-Flugmodelle

Flugzeuge, Hubschrauber, Multicopter

Hinrik Schulte

Die Auswahl an Flugmodellen unter 100 g Abfluggewicht ist inzwischen sehr groß und unübersichtlich. Hinrik Schulte stellt nach etwas Theorie eine Auswahl von insgesamt 25 Mini-Modellen vor und hat diese, nach Bewertungskriterien wie Anfängertauglichkeit und Flugmöglichkeiten, in unterschiedliche Kategorien eingeteilt.

Umfang: 144 Seiten
Abbildungen: 200
ArtNr: 3102235
Preis: 18,80 €

Leichtschaum-Giganten

Motorflugzeuge, Segelmodelle, Jets

Hinrik Schulte

In seinem Buch beschreibt Hinrik Schulte zuerst die theoretische Seite des Themas Leichtschaum-Giganten und zeigt die neuralgischen Punkte, bevor er eine Auswahl großer Schaum-Flugmodelle vorstellt, die er ausgiebig auf Herz und Nieren geprüft hat. Wie Sie ein derartiges Modell richtig bauen und sicher fliegen, lesen Sie hier.

Umfang: 136 Seiten
Abbildungen: 166
ArtNr: 3102221
Preis: 23,80 €

Impeller-Jets aus Leichtschaum

Hinrik Schulte

Bevor man mit einem leistungsfähigen und schnellen Modell in die Luft geht, gibt es einiges, das man wissen sollte. Hinrik Schulte vermittelt Tipps aus der Praxis und erleichtert den Einstieg zusätzlich, indem er beispielhaft an neun Modellen die Stärken und Schwächen unterschiedlicher Konstruktionen und Konzepte vorstellt.

Umfang: 144 Seiten
Abbildungen: 199
ArtNr: 3102206
Preis: 19,80 €

Depron-Workshop

Leichte Schaummodelle selber bauen

Michael Rützel

Depron ist ein perfektes Material für leichte Flugmodelle. Doch nur vorgefertigte Bausätze zu montieren, wird auf Dauer langweilig. Gerade der individuelle Bau nach Eigenkonstruktion oder Bauplan macht Spaß und ist gar nicht so schwierig, wie man meint. Man braucht auch deutlich weniger Werkzeug als etwa beim Bau mit Holz.

Umfang: 104 Seiten
ArtNr: 3102277
Preis: 19,90 €